MANUEL

DU

DÉFRICHEMENT DES FORÊTS

PAR

A. D'ARBOIS DE JUBAINVILLE

GARDE GÉNÉRAL DE 1re CLASSE

ET ANCIEN ÉLÈVE DE L'ÉCOLE IMPÉRIALE FORESTIÈRE

PARIS

LIBRAIRIE AGRICOLE DE LA MAISON RUSTIQUE

26, Rue Jacob, 26

1865

MANUEL

DU

DÉFRICHEMENT DES FORÊTS

INTRODUCTION

———

Les forêts contiennent des richesses qui tentent souvent l'avidité de leurs propriétaires : des arbres à mettre en vente si l'on détruisait la forêt, en outre une couche superficielle de terreau et de feuilles mortes pouvant, durant quelques années, produire d'abondantes récoltes, sans exiger de fumure. Aussi, voit-on les particuliers défricher leurs forêts, mais souvent bien intempestivement, car, en France, ils ont ainsi déboisé environ quatre millions d'hectares de terres ne pouvant donner qu'un revenu dérisoire sous le régime de la culture agricole, tandis qu'elles seraient vraiment productives sous le régime de la culture forestière. Maintenant qu'elles sont dénudées, leur reboisement serait trop coûteux pour que des particuliers pussent trouver du profit à l'exécuter, et, d'ailleurs, serait trop longtemps improductif pour que ceux-ci hasardassent une spéculation à aussi lointaine échéance. Heureux encore est le défrichement qui ne fait que transformer une bonne forêt en une friche stérile et ne lèse pas plus gravement l'intérêt général, en portant un coup fatal au régime des eaux, ou même à la salubrité publique. On ne sait donc pas souvent reconnaître, d'une part, si un défrichement sera profitable, et, d'une autre, si des motifs d'utilité publique ne doivent pas l'empêcher. Nous avons alors cru devoir éclairer le public sur ces deux questions, et, en même temps, lui indiquer la manière la plus avantageuse pour exécuter un défrichement et pour faire valoir les terres qui en proviennent. C'est ce qui fait l'objet du présent ouvrage.

PREMIÈRE PARTIE

Examen des caractères auxquels on peut juger s'il y a profit à défricher une forêt

CHAPITRE PREMIER

CARACTÈRES PHYSIQUES

§ 1ᵉʳ.

Degré d'humidité du sol.

La fraîcheur du sol est nécessaire aux végétaux forestiers comme aux végétaux agricoles. Pourtant, à
cet égard, leurs exigences ne sont pas identiques.
Munis de racines profondes, les végétaux forestiers
peuvent puiser l'humidité à une profondeur où ne

sauraient l'atteindre la plupart des végétaux agricoles.
En outre, par l'abri de leur feuillage et de leur couverture de feuilles mortes, les forêts savent, même sur
les sols dépourvus de profondeur, se conserver une
fraîcheur suffisante pour prospérer, là où la végétation des plantes agricoles eût été arrêtée par la sécheresse. Par suite, on comprend la nécessité de
s'assurer si, après le défrichement, le sol possèdera
le degré d'humidité nécessaire pour assurer le succès
des nouvelles récoltes qu'on veut y obtenir.

S'il est susceptible d'être irrigué, à bon marché,
d'une eau fertilisante, aérée, enrichie de matières organiques et de sels minéraux, il sera excellent pour
l'agriculture, donnera des troisième et quatrième coupes de luzerne si généralement compromises par les
sécheresses de l'été, des foins très-abondants et de
la plus fine qualité, d'amples récoltes de céréales et
de racines alimentaires, enfin, si la chaleur le permet, des récoltes dérobées entre les moissons et le
nouvel ensemencement d'automne ou de printemps.

Les terres fraîches, c'est-à-dire contenant habituellement au moins un dixième et au plus un cinquième de leur poids d'eau à 30 centimètres de

profondeur, participent aux précieuses propriétés des terres arrosées, tant pour l'abondance des récoltes principales que pour la possibilité de produire des récoltes dérobées. L'eau qui dispense la fraîcheur à ces terres provient soit d'un climat humide, soit d'un réservoir d'eau placé à une petite profondeur, sous un sol doué de beaucoup de capillarité. Si la fraîcheur de la terre résulte du climat, il faut, d'un côté, que les pluies soient assez fréquentes et assez également réparties pour compenser à propos les pertes que subit la fraîcheur du terrain par l'évaporation ainsi que par l'infiltration; et, d'un autre côté, qu'après sa chute, l'eau de pluie excédante disparaisse assez promptement, soit par l'écoulement superficiel que facilite une pente convenable, soit par l'infiltration que favorisent des sables siliceux ou calcaires, ou bien les roches si fendillées du calcaire oolitique, soit enfin par l'évaporation que hâte la coloration du terrain ou son inclinaison vers le midi. C'est l'humidité du climat qui assure la fraîcheur aux côtes de l'Océan et de la Manche et en fait la région si riante des pâturages pérennes. Si la fraîcheur de la terre émane d'un réservoir d'eau souterrain, il faut que ce réservoir consiste en sources ou rivières coulant à travers les cailloux, les graviers ou le sable, sur un sol assez imperméable pour garder l'eau, et sous un sol assez capillaire jusqu'à sa surface pour y élever une quantité d'eau suffisante.

Il ne faut pas confondre les résultats bienfaisants de ces eaux souterraines à niveau constant, avec ceux de ces petites nappes d'eau à niveau variable, qui, en hiver, s'amassant sur un sous-sol impénétrable, noient la terre et font souvent pourrir les racines, puis en été, se desséchant, imposent à la végétation un arrêt estival. Alors, humide en hiver et sec en été, le terrain a bien moins de valeur agricole que s'il était frais; car, si on le cultive, on est forcé de n'y élever que les plantes qui peuvent croître et mûrir depuis l'époque où il n'est plus trop humide jusqu'à celle où il est trop sec; et, si on le consacre aux prairies, on est forcé de le semer d'herbes printanières ne donnant qu'une seule coupe de foin et encore peu abondante.

Un sol constamment humide, c'est-à-dire qui habituellement contient plus d'un cinquième de son poids d'eau est bien préférable pour l'agriculture lorsqu'il n'est pas acide, parce qu'alors, si son humidité est modérée, il convient aux prairies permanentes lesquelles y étalent tout le luxe de leur verdure; et que, si son humidité est extrême, il peut porter de riches récoltes de roseaux qui, coupés avant la maturité des graines, sont employés, soit comme litière, pour faire de bons engrais, soit comme fourrage, pour nourrir des animaux sobres tels que le bœuf ou le mulet.

Les terrains secs sont ceux dont l'agriculture tire le moins de parti. Ils résultent d'un climat qui, en été, laisse de trop longs intervalles entre les pluies; d'un sol qui perd rapidement l'eau, soit par son écoulement sur un versant fortement incliné, soit par son infiltration dans un sous-sol très-perméable, soit par son évaporation qu'accélère la coloration du sol ou son inclinaison vers le midi; enfin de la trop grande profondeur du réservoir intérieur des eaux, ou bien d'un sous-sol non capillaire, formant plafond au-dessus de . ce réservoir et n'élevant pas l'humidité à la surface. Soumis au régime agricole, ils ne conviennent qu'aux plantes dont la maturation est achevée à la fin du printemps. La luzerne n'y donne pas de coupes d'été,

et par conséquent produit moitié moins de foin que
sur les terres fraîches. Les récoltes-racines y sont bien
moins abondantes, et les récoltes dérobées y font défaut. Mais le plus grave inconvénient que présentent
ces terrains, ce sont les pertes énormes qu'y subissent
les engrais ordinaires. Pendant le sommeil estival de
la végétation, les principes fertilisants de ces engrais
s'évaporent dans l'air ou se perdent dans les profondeurs du sol, tandis que, sur les terrains frais,
ces mêmes principes, au fur et à mesure de leur
mise en liberté par la décomposition, sont absorbés
par une végétation permanente, soit celle des récoltes principales, soit celle des récoltes dérobées, et
donnent plus du double de produit, pour la même
quantité d'engrais. C'est pourquoi une terre sèche
vaut beaucoup moins qu'une terre fraîche ou qu'une
terre arrosée, et en général ne s'estime que le tiers
de celles-ci lorsqu'elle est bonne, parfois même que
le dixième, lorsqu'elle est graveleuse ou sablonneuse.

Ainsi l'on voit que le degré d'humidité du sol doit
être pris en grande considération lorsqu'on examine
l'opportunité d'un défrichement, et que, s'il y a presque toujours profit à défricher pour obtenir une

terre irrigable, fraîche ou humide : en revanche, il y
a presque toujours perte à faire cette opération, lorsqu'elle ne donnerait qu'une terre fort sèche où les
forêts seules, peuvent se conserver une provision d'eau
suffisante pour traverser les sécheresses de l'été.

§ 2.

Profondeur du sol.

Si les végétaux forestiers sont ceux qui, généralement, profitent le plus de la profondeur du sol et
qui, par suite, tirent le meilleur parti d'une terre
fort médiocre mais profonde; chose bizarre, ce sont
encore eux qui, se pliant le plus facilement aux exigences de la vie, savent le mieux utiliser les sols
les plus superficiels, de quelques centimètres seulement, et sur lesquels ordinairement ils peuvent, seuls,
par leur ombrage et leur couverture de feuilles mortes, maintenir la fraîcheur nécessaire à une végétation
permanente.

Pour être soumise à l'agriculture, une terre doit
avoir au moins 16 centimètres d'épaisseur, et même,

avec une aussi faible couche de terre végétale, une grande fertilité de cette terre pourrait, seule, justifier un défrichement. En général, nous pensons devoir ne conseiller le défrichement que de terres profondes au moins de 25 centimètres. La profondeur du sol arable en augmente sensiblement le prix jusqu'à ce qu'elle atteigne environ 50 centimètres. Le froment peut prospérer sur une couche de terre assez mince, mais beaucoup de plantes agricoles, telles que la luzerne et le sainfoin exigent un sol plus profond pour donner d'abondantes récoltes.

§ 3.

Inclinaison du sol.

L'inclinaison des champs, lorsqu'elle est faible, est généralement avantageuse, parce qu'elle assure un écoulement facile aux eaux pluviales. Mais, lorsqu'elle devient forte, elle nuit beaucoup à l'agriculture, d'une part, en gênant le transport des engrais et le labour du sol; d'une autre, en permettant aux eaux pluviales, d'entraîner les terres et de s'écouler trop

promptement, ce qui livre le terrain à la sécheresse.
Aussi, l'inclinaison d'une terre ne peut dépasser
5 centimètres par mètre, sans commencer à lui faire
perdre de sa valeur. Si la pente est supérieure à
10 centimètres par mètre, on ne peut plus labourer
qu'en travers, à moins de se résigner à ne plus cultiver qu'en descendant. Au delà de 20 centimètres, il
convient souvent de cultiver en terrasse, procédé très-
onéreux.

Les forêts, au contraire, s'accommodent très-bien des
sols fortement inclinés. Elles y maintiennent la terre
par leurs puissantes racines, et la fraîcheur par leur
ombrage, ainsi que par leur litière de feuilles mortes. Enfin, s'y étageant en amphithéâtre, les arbres
participent plus largement à l'influence bienfaisante
de la lumière et prennent un plus fort accroissement.

Nous engageons donc à laisser les forêts en possession des versants rapides, puisque ordinairement ils
sont mieux utilisés par elles que par l'agriculture.

§ 4.

Sols rocheux, caillouteux ou graveleux.

Les roches amoindrissent l'étendue cultivable du sol, en l'occupant, et mettent obstacle au labourage par l'irrégularité de leur dissémination, et, parce que, souvent cachées en terre, elles menacent de briser la charrue. La culture forestière est alors la mieux appropriée à un sol rocheux. Les arbres enfoncent leurs racines dans les crevasses des rochers, et lorsqu'ils y rencontrent quelque veine de bonne terre, ils se développent avec une remarquable vigueur.

Les terres caillouteuses ou graveleuses sont ordinairement beaucoup trop sèches en été pour convenir à l'agriculture. Les forêts, seules, y prospèrent, en s'y enracinant profondément et en abritant le sol contre la sécheresse. Si, sous les cailloux et les graviers, se trouve une terre limoneuse et fertile que les racines des arbres puissent atteindre, la végétation forestière devient splendide et donne de riches récoltes ligneuses, tandis que des récoltes agricoles y seraient souvent si chétives qu'elles ne pourraient couvrir leurs frais.

§ 5.

Climat.

Sur nos montagnes, le climat devient assez rude pour interdire la culture de la plupart des plantes agricoles. L'orge et le sarrasin, céréales les moins exigeants en chaleur, et la pomme de terre peuvent seuls y mûrir leurs récoltes. Les pâturages y viennent assez bien pour quelquefois engager au défrichement, favorisés qu'ils sont par l'humidité atmosphérique, par les brouillards et les nuages qui ordinairement couvrent les montagnes. Seulement, la longueur des hivers qui, pendant leur durée, oblige à nourrir les bestiaux avec du foin sec conservé à grands frais, ne permet pas souvent d'y élever le bétail avec profit, à moins que, par la transhumance, on ne puisse y conduire des bestiaux que l'on garde pendant l'hiver sur des pâturages de cette saison situés dans des plaines environnantes et fort chaudes.

Mais ce qui réussit le mieux sous ce climat, ce sont les forêts, surtout celles peuplées de cembros, de mélèzes, d'épicéas et de sapins, essences qui redoutent la chaleur. Aussi, nous pensons qu'en général on ne peut conseiller le défrichement des forêts reléguées sous un climat rude.

CHAPITRE DEUXIÈME

CARACTÈRES MINÉRALOGIQUES

§ 1er.

Terres siliceuses.

Les terres siliceuses sont sujettes aux sécheresses et alors sont fréquemment très-rebelles à l'agriculture. Très-filtrante et dépourvue de la propriété de fixer l'azote, soit sous forme d'ammoniaque auquel elle ne peut offrir de pore pour le loger, soit sous forme d'acide nitrique auquel elle ne peut offrir de base salifiable pour le retenir, la silice ne forme, à elle seule, que des sols mauvais dépositaires des engrais organiques et atmosphériques. D'ailleurs, manquant de chaux, les terres siliceuses, lorsqu'elles sont sèches, se refusent à produire du froment, de la luzerne, du trèfle et du sainfoin. Elles ne peuvent alors porter que du seigle, lequel encore n'y donne que de bien modiques récoltes. Par contre, sur ces terres si pauvres pour la culture agricole, le pin sylvestre et le pin maritime étalent souvent un luxe frappant et qui indique, d'une manière évidente, l'appropriation des sols siliceux à la culture forestière.

Mais, lorsque, chose rare, les terres siliceuses sont fraîches ou arrosées, elles sont propres à toutes les cultures, au moyen d'engrais organiques et minéraux dont elles sont alors très-exigeantes. Parmi les terrains siliceux, il n'y a donc que ceux à l'abri de la sécheresse qui puissent offrir quelque chance de succès à un défrichement.

§ 2.

Terres calcaires.

A l'état pur, les terres calcaires ne sont guère plus fertiles que les terres siliceuses. Les engrais y perdent leur ammoniaque par l'infiltration et surtout l'évaporation, mais y conservent un peu mieux leur acide nitrique en le combinant avec la chaux. Parfois même, ces terres composent, à leur profit, de l'acide nitrique, en prenant directement à l'air son azote et son oxygène. En outre, leur couleur blanche les rend froides.

Lorsqu'elles sont crayeuses, elles se réduisent en bouillie, par les pluies, et en poussière par les sécheresses qui deviennent ainsi fatales à la végétation. Par les gelées, elles se boursoufflent et déchaussent les racines. De semblables terrains sont très-mauvais pour l'agriculture qui n'en conserve la possession que parce que les labours y sont faciles. Les forêts pareillement y viennent assez mal. Pourtant des plantations de pins y ont assez bien réussi et doivent être soigneusement conservées.

Mais, lorsque les sols calcaires sont sablonneux, ils sont meilleurs. La pluie ne les pétrit plus en bouillie, la sécheresse ne les convertit plus en poussière, et la gelée ne les soulève plus, de manière à déchausser les jeunes plantes. Aussi, lorsqu'ils ont une consistance et une fraîcheur suffisantes, ils sont propres à la culture du froment et des autres plantes qui mûrissent au commencement de l'été. Mais, lorsqu'ils sont inconsistants et secs, les arbres peuvent seuls y prospérer comme sur les sables siliceux qui se trouvent dans des conditions analogues. En conséquence, nous engageons à ne jamais déboiser un sable calcaire sans consistance.

Lorsque les terrains calcaires se sont enrichis d'argile et de silice, ou seulement d'argile et qu'ils forment des limons ou des sols argilo-calcaires, ils deviennent plus fidèles dépositaires des engrais et, ordinairement, possèdent tous les principes minéraux indispensables à la végétation. Ils sont ainsi très-aptes à produire de bonnes récoltes de céréales, de fourrages légumineux, de foins et de racines. Alors, quand ils ont toutes les autres qualités nécessaires pour donner la fertilité à un sol arable, on trouve le plus souvent du profit à les faire passer de la culture forestière à la culture agricole.

§ 3.

Terres argileuses.

Nous venons de dire que les limons et les sols argilo-calcaires conservent l'engrais. C'est leur argile qui leur communique cette propriété. Mais à côté de cette précieuse qualité, se trouve une exigence bien onéreuse. L'argile, quand on la fume, commence par se faire sa part de l'azote qu'on lui confie, et ordinairement ce n'est que lorsqu'elle en possède 0,0015 de son poids qu'elle rend à la végétation agricole tout l'azote reçu en dépôt et produit des récoltes proportionnelles aux fumures. En revanche, la complète saturation des argiles ne semble pas indispensable à la réussite de la plupart des arbres forestiers lesquels paraissent même pouvoir arracher à l'argile une partie de l'azote qu'habituellement elle prétend s'approprier au détriment de l'agriculteur. Dès lors, on conçoit que si l'on déboisait et cultivait une argile trop pauvre d'azote, on pourrait, pour l'en saturer, être contraint à une dépense ruineuse.

Par elle-même, l'argile ne possède pas la faculté de prendre à l'air son azote, soit comme la chaux, en combinant l'azote avec l'oxygène pour composer de l'acide nitrique; soit comme le fer, en unissant l'azote à l'hydrogène pour faire de l'ammoniaque. Mais, par ce dernier mode, au moyen des oxydes de fer qui les colorent, les argiles semblent parfois composer directement l'ammoniaque lorsqu'on les expose à l'air. Les argiles blanches et privées d'oxyde de fer présenteraient donc moins d'avantage pour un défrichement, puisque leur exposition à l'air par la culture ne pourrait contribuer à les fertiliser en y favorisant la production de l'ammoniaque.

Les argiles sont difficiles à labourer en raison de leur tenacité. Sèches, elles sont impénétrables à la charrue. Humides, elles font pâte, s'attachent au coutre, au soc et au versoir, rendent le labour pénible et forment des mottes difficiles à briser. On ne peut donc les cultiver que lorsqu'elles sont fraîches, c'est-à-dire pendant un nombre de jours très-limité chaque année; d'où de grands embarras pour une répartition convenable des travaux sur toute l'année. En outre, ces terres, lorsqu'elles sèchent après les pluies, forment à leur superficie une croûte qui arrête la sortie des germes. Ainsi la tenacité qui gêne les labours et le danger qui menace les semailles conseillent de ne pas déboiser les sols très-argileux, à moins qu'ils ne soient assez frais ou humides pour être affectés aux prairies permanentes.

L'argile ne se présente pas sans mélange dans nos terres. Nous avons vu qu'associée ou au calcaire seulement, ou au calcaire et à la silice, elle produit soit les sols argilo-calcaires, soit les sols limoneux lesquels tous sont généralement propres à l'agriculture.

Mais il en est autrement quand c'est uniquement la silice qui se mélange à l'argile et forme ainsi la glaise. Dépourvue de calcaire, la glaise ne convient ni au froment, ni aux légumineuses cultivées communément. D'ailleurs, suivant la proportion de son argile et de sa silice, elle offre des tenacités et des propriétés différentes.

Si la silice domine et se trouve en gros grains, la glaise devient inconsistante, se réduit en poussière pendant l'été, et en bouillie pendant l'hiver; aussi, dans ce cas, ne convient-elle qu'à la culture fo--restière.

Si c'est l'argile qui domine, la glaise participe à tous les défauts de ce minéral, et, pour les motifs que nous avons indiqués en exposant les propriétés agri-coles de ce dernier, elle ne demande à sortir du régime forestier que si elle est assez fraîche ou humide pour être consacrée aux prairies perma-nentes.

Enfin, si par un mélange convenable de silice, de schistes ou de débris volcaniques, la glaise re-çoit une consistance favorable, elle devient propre à l'agriculture, et l'on peut en obtenir toutes espèces de récoltes en la marnant ou la chaulant, pour lui fournir le calcaire dont elle manque. Il sera donc souvent opportun de déboiser une glaise meuble, lorsqu'on pourra lui distribuer le calcaire à peu de frais.

CHAPITRE TROISIÈME

CARACTÈRES GÉOLOGIQUES

§ 1ᵉʳ.

Terrains ignés.

Sur ces terrains, le sol végétal provient, en grande
partie, de roches décomposées sur place, aussi est-ce
de la nature de ces roches, qu'il reçoit ses princi-
paux caractères.

Le granite produit une terre peu fertile sur les
versants où l'eau pluviale enlève les principes solubles
et les fragments les plus ténus provenant de la décomposition de ce minéral; assez fertile, au contraire,
dans les vallées au profit desquelles les versants se
dépouillent de leurs éléments de prospérité.

Les schistes micacés donnent sur les versants un

sol siliceux et peu fertile, en revanche, dans les vallons, un sol excellent, enrichi qu'il est des débris de mica dérobés par les eaux aux coteaux voisins.

Le trachyte et le basalte se décomposent en une argile qui est pareillement entraînée vers les fonds inférieurs.

Le quartz, le pétrosilex et le porphyre quartzifère forment des terrains sablonneux et peu fertiles.

Le gneiss ne produit également qu'une terre presque stérile.

On voit donc qu'une grande partie des terrains ignés n'est pas naturellement destinée à l'agriculture. Celle-ci n'y récolte ordinairement que du seigle, du sarrasin, des pommes de terre et des pois. Elle n'y prospère que sur les côtes auxquels le voisinage de la mer assure un climat humide et très-favorable aux pâturages, ainsi que dans les vallées qui, recevant des hauteurs voisines l'eau versée par l'atmosphère et les principes nutritifs mis en liberté par la décomposition de roches fertilisantes, portent de verdoyantes prairies et d'abondantes moissons. Le reste des terrains ignés ne peut convenir qu'aux forêts, lesquelles s'y plaisent. Le châtaignier, le pin maritime, le pin sylvestre, le sapin, le chêne et le hêtre y prospèrent. Dans la région des terrains ignés, nous engageons donc à conserver toutes les forêts qui n'occupent ni des vallées assez fertiles pour l'agriculture, ni des côtes assez humides pour les pâturages.

§ 2.

Terrains sédimentaires.

Nous venons de voir que, sur les terrains ignés, le sol végétal est le plus souvent formé par la désagrégation des roches sous-jacentes. Il en est autrement pour les terrains sédimentaires. Sur ceux-ci, le sol végétal est le plus fréquemment composé d'un dépôt diluvien, très-mince, couvrant les roches sédimentaires, et formant en quelque sorte la chair du squelette géologique. Néanmoins, ce squelette, ce sous-sol, par son relief, sa structure, sa composition et les éléments qu'il a mêlés au mince dépôt diluvien dont il est revêtu, imprime à la terre végétale un cachet si caractéristique qu'on ne peut le négliger.

Grès vosgien. — Composé seulement de grains de quartz enduits d'oxyde de fer, en masses tantôt dures, tantôt friables, et à relief très-accidenté, le grès vosgien ne porte qu'une terre végétale maigre, sèche, peu nutritive, peu propre à la culture agricole, mais assez favorable à la culture forestière et convenant surtout au hêtre et au sapin.

Grès bigarré. — Des grains de quartz unis par un ciment argileux et disposés en couches dont le relief est médiocrement accidenté constituent le grès bigarré, où l'on trouve encore épars des dépôts d'argile et quelques faibles couches de dolomie. Aussi, là où l'argile est assez abondante, le sol convient à l'agriculture, tandis que là où c'est le quartz qui domine et forme du sable, le sol n'est propre qu'aux forêts, lesquelles y sont plus belles que sur le grès vosgien.

Muschelkalk. — Composé de couches alternatives de marne formant des vallées, et de calcaire formant des collines, ce terrain convient généralement à la végétation agricole, excepté sur les collines où, trop

trop sec, il ne convient plus qu'à la végétation forestière.

Marnes irisées. — Des couches de marne constituent ce terrain et, par leur faible perméabilité, lui
assurent partout de la fraîcheur, malgré ses ondula-
tions; aussi est-il naturellement destiné à l'agriculture.

Terrain jurassique. — Composé de couches alternatives d'argile et de calcaire, le terrain jurassique
forme ordinairement, avec son argile, des vallées
fraîches et fertiles sous le système agricole; mais,
avec son calcaire, des montagnes et des collines ne
pouvant, à cause de leur sécheresse, déployer toute
leur force productive, que sous le système forestier.
A la base du terrain jurassique, on trouve souvent
le grès infra-liasique lequel, par sa sécheresse, et la
pauvreté de ses éléments nutritifs, n'est guère propre qu'à la culture forestière.

Terrain crétacé inférieur. — Ce terrain est constitué
de couches alternatives de calcaire, d'argile, de sable
et de grès. Généralement, il convient à l'agriculture

lorsqu'il est assez argileux, et seulement aux forêts, lorsqu'il est composé de grès, de sable ou de calcaire, notamment sur les collines qui sont formées de calcaire et de grès résistants.

Terrain crétacé supérieur. — Composé de couches de craie blanche ou marneuse, friable et très-perméable, ce terrain n'offre que des plaines peu accidentées, très-sèches, mauvaises sous le régime agricole et semblant destinées, par la nature, à passer sous le régime forestier qui, depuis peu, en tire un assez bon parti par la culture surtout du pin d'Autriche, auquel, sans doute, il faudrait ultérieurement adjoindre en sous-étage le hêtre et peut-être même l'épicéa, pour mieux conserver la fraîcheur au sol.

Terrain parisien. — Ce terrain est peu accidenté, il est formé de sable, d'argile et de calcaire accolés entre eux, et, par leur mélange, assurent une fertilité favorable à la culture agricole, sauf en quelques places éparses où le sable domine et indique l'opportunité de la culture forestière.

Molasse. — Le sable, le grès pur, le grès coquillier, le grès argilo-calcaire, la meulière et le calcaire composent la molasse. Peu accidentée, elle convient ordinairement à l'agriculture, excepté là où affleurent le sable, le grès ou la meulière et où les forêts peuvent seules profiter.

Terrain subapennin. — Ce terrain est d'une nature très-variable suivant les localités où il s'est déposé. Dans les Landes, il forme des sables propres seulement à la végétation forestière et, dans la Bresse, des glaises qui, pour assurer le succès de la végétation agricole, ont besoin d'engrais calcaires.

Diluvium et Alluvions. — Très-variables dans leur constitution, ces terrains conviennent à l'agriculture s'ils sont limoneux, et seulement à la sylviculture s'ils sont sablonneux, cailouteux ou graveleux.

CHAPITRE QUATRIÈME

VÉGÉTATION NATURELLE DES FORÊTS

§ 1er.

Croissance des forêts.

Si parfois les forêts étalent tout le luxe de leur végétation sur des sols impropres à l'agriculture, en revanche, elles languissent rarement sur un sol assez fertile pour passer au régime agricole. Aussi, généralement, doit-on ne pas arracher une forêt où les arbres sont rabougris, à pousses annuelles courtes, à espaces interfoliaires étroits, et à couches annuelles de bois très-minces.

§ 2.

Essences qui peuplent les forêts.

La présence spontanée et la rapide végétation de l'orme diffus, de l'orme champêtre, de l'érable plane, de l'érable sycomore, de l'aune, du chêne pédonculé, du tremble, du tilleul à larges feuilles, des saules et des sureaux indiquent un sol frais et fertile, et presque toujours l'opportunité d'un défrichement, lorsque la plupart de ces essences se trouvent réunies dans la même forêt.

Le châtaignier et l'ajonc révèlent un sol riche en silice, mais trop pauvre en chaux pour que le froment, le trèfle, la luzerne et le sainfoin puissent y donner de pleines récoltes sans le secours d'engrais calcaires.

Au contraire, le cytise faux-ébénier, le poirier, le prunier, l'alizier blanc, l'if, le buis, le cornouiller mâle, le pin d'Alep et le pin d'Autriche indiquent un terrain bien pourvu de calcaire.

Le mélèze, le cembro, l'épicéa et même le sapin

montrent un climat rigoureux, à saison végétative trop courte pour la plupart des plantes agricoles, et où les pâturages, si le sol est assez frais, pourraient seuls faire quelque concurrence aux forêts.

§ 3.

Plantes qui tapissent les forêts.

La bruyère commune indique un terrain siliceux, dépourvu de calcaire, pauvre d'humus et assez aride; aussi sa présence et son abondance doivent-elles souvent détourner du défrichement.

Les oseilles, les oxalides et la matricaire montrent les glaises manquant de calcaire.

Au contraire, les coquelicots, les ononis et les chardons accusent la présence du calcaire.

Enfin, le mille-feuilles, la bardane, l'ortie et la pervanche avec ses tapis de fleurs et de verdure indiquent un sol frais et ordinairement fertile.

CHAPITRE CINQUIÈME

CIRCONSTANCES ÉCONOMIQUES

§ 1er.

Population agricole.

Avant que d'une forêt on fasse des terres arables,
il faut examiner si la population environnante pourra
tirer un bon parti de ces terres; si elle est assez
rapprochée pour les cultiver facilement; si elle est
nombreuse et offre des bras disponibles pour de
nouvelles cultures; si, forte et active, elle consacre
son travail à l'agriculture ou à des industries exclu-
sives payant de forts salaires; si, énervée soit par la
débilité physique, soit par de longues habitudes de
paresse, elle dédaigne les travaux des champs; si
enfin elle est assez riche, soit pour acheter des terres,

soit pour les faire valoir au moyen de capitaux suffisants. Avec une population assez à proximité, considérable, laborieuse, agricole et riche, presque toujours on tirera un parti avantageux d'une forêt défrichée.

§ 2.

Salubrité de l'air.

Un air insalubre entrave les travaux de l'agriculture
en débilitant et décimant la population. Il offre moins
d'inconvénients pour l'exploitation des bois, parce
que, d'un côté, on la fait ordinairement en hiver,
tandis que les effluves fiévreux exercent leurs ravages
surtout pendant la saison chaude; et que, d'un autre
côté, la végétation forestière, ayant la propriété de
désinfecter les miasmes paludéens, permet, même en
été, au bûcheron de travailler sans péril là où le
laboureur serait bientôt victime du mauvais air.
Ainsi, en général, il faut respecter les forêts placées
sous le vent de miasmes délétères.

. § 3.

Facilité de la vente parcellaire.

Une population voisine et nombreuse donne souvent moyen de tirer d'une forêt défrichée un excellent parti par la vente parcellaire. On en reconnaîtra la possibilité à l'étendue des terres à vendre dans la localité et au nombre des habitants qui s'en disputent l'acquisition. Si le nombre des terres à vendre est très-petit comparativement à celui des amateurs, il y aura une concurrence suffisante pour assurer le succès d'une vente parcellaire calculée sur le nombre et les facultés des enchérisseurs. Les amateurs sont nombreux et solvables là où une population rurale abondante, active, économe et possédée du démon de la propriété n'a pas eu depuis longtemps de vente en détail capable de satisfaire son ambition. Alors, la vente parcellaire assure de grands bénéfices au propriétaire qui défriche ses bois, il en vend la terre sur le pied de 40 à 50 fois le revenu qu'elle

donnerait si elle était soumise au fermage. L'acqué-
reur, le manœuvre de l'agriculture ne perd pas à
cette transaction, il trouve dans sa parcelle l'emploi
de son temps perdu, il la défonce, la sature d'engrais, ce que le fermier ne pourrait faire, de crainte
de se ruiner au profit de son propriétaire, et tire
de sa terre et de son engrais une rente de 5 à
9 pour 100. C'est ce morcellement de la propriété
foncière qui a créé la riche et florissante agriculture
du nord, de l'est et d'une partie du midi de la
France.

§ 4.

Nécessité de construire des bâtiments ruraux.

Si la proximité d'une population nombreuse à laquelle on peut vendre ou seulement louer ses terres
doit exciter au défrichement, il n'en est plus de
même lorsque l'éloignement et la rareté de la population forcent à élever des bâtiments pour y loger
un fermier et ses ouvriers, ainsi que pour y abriter
les récoltes et les bestiaux. La construction est alors

une charge très-lourde pour le propriétaire, et les sommes qu'il y dépense ne lui rapportent qu'une rente assez minime, parce qu'il bâtit dans une situation qui, faute de concurrence, est bien défavorable aux loyers. En pareille circonstance, il n'y a lieu de conseiller le défrichement que de terres devant être très-fertiles sous le système agricole.

§ 5.

Forêts non aménagées.

Les propriétés agricoles donnent un revenu, chaque année; mais il n'en est pas toujours de même pour les forêts. On ne peut couper celles-ci que lorsqu'elles sont exploitables; or, pour qu'une forêt présente annuellement des bois exploitables, il faut qu'elle soit aménagée en coupes ou bois d'âges gradués. Mais les partages héréditaires viennent souvent détruire les aménagements, et ne donnent aux copartageants que des parcelles à revenus irréguliers et satisfaisants mal aux besoins annuels de la vie humaine. Dans une telle situation, le défrichement sera parfois le meilleur moyen pour rétablir l'annualité du revenu et sera surtout à conseiller au petit propriétaire, cultivant lui-même, et qui, n'ayant pas assez de terre pour occuper son train de culture, trouvera l'emploi le plus profitable de son temps perdu, en augmentant ses champs par le déboisement de sa parcelle de forêt.

§ 6.

Prix des produits forestiers et des produits agricoles.

Enfin les prix des produits donnés par la sylviculture et de ceux donnés par l'agriculture doivent être consultés pour décider du sort d'une forêt. On comprend, en effet, que ce n'est que par la comparaison de la récolte ligneuse et de la récolte agricole que l'on peut reconnaître la forme sous laquelle la jouissance sera la plus avantageuse, et que cette comparaison ne peut se faire que par l'application de leurs prix aux deux espèces de récoltes. Dans l'examen de ces prix, il ne faut pas négliger les variations qu'ils doivent éprouver à l'avenir. A cet égard, si le prix des produits agricoles doit s'élever par l'accroissement du nombre des consommateurs, ainsi que par la dépréciation monétaire, il n'en est pas de même des produits forestiers, principalement de ceux abondant le plus dans les forêts particulières, à savoir les bois de charbonnage et de chauffage, lesquels, menacés par les perfectionnements économisant le combustible dans les foyers, et surtout par la concurrence toujours croissante du combustible minéral, ne verront leurs prix hausser en raison ni de l'accroissement de la population, ni de la dépréciation monétaire.

CHAPITRE SIXIÈME

MÉTHODE A SUIVRE POUR RECONNAÎTRE L'OPPORTUNITÉ DU
DÉFRICHEMENT

---

§ 1ᵉʳ.

Nécessité préalable d'un plan.

Lorsqu'on étudie une forêt pour reconnaître s'il y
a opportunité de la faire passer totalement ou partiellement sous le régime agricole, le premier docu-
ment à se procurer, c'est un plan indiquant le périmètre de la forêt, les chemins qui la sillonnent, ceux
qui l'avoisinent, les cours d'eau qui peuvent l'arroser, les étangs, marais ou rizières des environs, les
propriétés riveraines, les maisons qui seraient aux
alentours, la distance et la direction des communes
voisines, et le relief du terrain qui sera dessiné par

des courbes, des hachures ou des teintes. Ce plan est indispensable pour diriger celui qui fait la reconnaissance de la forêt, et, si l'on défriche, pour indiquer les parties à défricher, l'ordre à suivre dans le défrichement, les divisions à assigner aux cultures, les chemins à établir et l'emplacement où il pourrait y avoir lieu de construire des bâtiments.

§ 2.

Parcellaire.

Guidé par le plan topographique, on procèdera à la reconnaissance détaillée de la forêt, en distinguant les parties plus ou moins aptes à être défrichées eu égard aux caractères que nous avons examinés dans les chapitres précédents, et en fixant la démarcation de ces parcelles au moyen de lignes qu'on ouvrira. Il faudra pareillement séparer sur le terrain les peuplements d'âges différents, et constituer définitivement les parcelles par des portions de forêts homogènes pour l'aptitude au défrichement et l'âge du peuplement. L'homogénéité des parcelles eu égard à leur àge est nécessaire pour qu'on puisse d'abord procéder convenablement à l'estimation de leur superficie, et ensuite indiquer l'ordre suivant lequel il convient d'exécuter le défrichement de manière à n'exploiter que des superficies exploitables. Alors on arpentera les parcelles, on les rapportera sur le plan, puis on y mentionnera leurs contenances, et l'on y désignera chaque parcelle par un nom tel qu'une lettre de l'alphabet.

Dans les taillis sous futaie, les coupes donneront le canevas du parcellaire; on rétablira les lignes séparatives de coupes et on les rapportera sur le plan de la forêt. Pour compléter le parcellaire, il n'y aura plus qu'à diviser les coupes suivant leur aptitude au défrichement.

Mais il ne suffira pas de figurer sur le plan les parcelles définitivement constituées, car la mémoire oublierait trop promptement leurs caractères; pour suppléer à son insuffisance, il faudra, au fur et à mesure de la confection des parcelles, procéder à leur description, en mentionnant les circonstances qui peuvent influer sur l'opportunité du défrichement.

§ 3.

*Estimation des parcelles dans l'hypothèse de leur con-
servation en bois.*

L'estimation des parcelles dans l'hypothèse où elles resteraient soumises au système forestier est le premier point à établir pour juger du sort qu'on doit leur assigner.

Si une parcelle est exploitable, sa valeur en fonds et superficie est égale à la valeur de la coupe à y faire actuellement, plus au capital qui, placé à intérêts composés, reproduirait, à l'expiration de chaque révolution, la valeur de la coupe. Soient C la valeur de la coupe, r le taux de placement en fonds de bois pour un franc, et n le nombre d'années de la révolution; la valeur en fonds et superficie sera

$$C + \frac{C}{(1 + r)^n - 1}$$

Si la parcelle n'est pas exploitable, on estimera quelle sera la valeur de sa coupe à l'exploitabilité, on établira, pour cette époque, la valeur en fonds et superficie par la formule ci-dessus, puis on escomptera cette valeur pour le nombre d'années qui nous sépare de l'exploitation. Soit e ce nombre d'années à escompter, la valeur actuelle en fonds et superficie sera donnée par la formule

$$\frac{C + \dfrac{C}{(1 + r)^{n}-1}}{(1 + r)^{e}}$$

Dans les deux cas examinés, nous avons passé sous silence les frais annuels de garde et d'impôt, mais il faut en tenir compte, en les capitalisant au denier des placements en fonds de bois, et défalquant leur valeur capitalisée, de la valeur en fonds et superficie trouvée par les formules ci-dessus.

Ces calculs assez longs deviendront très-simples par l'emploi des tarifs de capitalisation et d'escompte contenus dans le traité d'exploitation, débit et estimation des bois publié par **M. Nanquette**. Dans cet excellent ouvrage, on trouvera, en outre, des renseignements très-précieux sur la manière de procéder à l'estimation des bois. Nous partageons complétement la doctrine de cet auteur sur l'estimation en fonds et superficie, excepté pourtant sur une petite question de détail, à savoir la fixation du taux des placements en fonds de bois. M. Nanquette admet que le taux des placements en fonds de bois est le même que celui des placements en terres arables, et qu'alors c'est ce dernier taux qu'on doit employer pour estimer les fonds de bois. Posé d'une manière aussi générale, ce principe est inexact. Les terres arables, étant un instrument de travail pour le cultivateur, sont très-recherchées par celui-ci, d'autant plus qu'elles peuvent être améliorées d'une façon très-lucrative ainsi que nous l'avons expliqué plus haut à propos de la vente parcellaire, et qu'en outre, par le morcellement, elles sont accessibles aux petites bourses qui sont les plus nombreuses. Les forêts, au contraire, ne sont jamais un instrument de travail pour leur propriétaire, et ne sont pas susceptibles d'être améliorées avec autant de profit que les champs. Enfin, si elles sont aménagées, elles ont ordinairement une grande valeur qui restreint le nombre des amateurs ou les réduit à la fâcheuse éventualité de l'indivision ; et, si elles ne sont pas aménagées, ce qui est fréquent pour les petites forêts, elles sont discréditées, parce que leur revenu n'est pas annuel et régulier. Ces motifs expliquent assez pourquoi généralement, à revenu égal, les terres se vendent plus cher que les forêts.

Si nous engageons nos lecteurs à consulter l'ouvrage de M. Nanquette, nous devons au contraire les détourner d'un autre traité fait sur l'estimation des forêts par M. Noirot-Bonnet qui s'y est fait l'apôtre d'erreurs graves et nombreuses, ainsi que nous l'avons démontré dans la *Revue des Eaux et Forêts*, au numéro de juillet 1862.

§ 4.

Estimation des parcelles dans l'hypothèse de leur défrichement.

Après avoir obtenu l'estimation des parcelles dans l'hypothèse qu'elles resteraient sous le système forestier, le second point à établir, c'est leur estimation dans l'hypothèse où elles passeraient sous le système agricole. Dans ce deuxième cas, la valeur des parcelles s'obtiendra en estimant la superficie et la terre.

L'estimation de la superficie n'offrira aucune difficulté.

Mais l'estimation de la terre sera une opération très-délicate et très-sujette à erreurs. Après l'exploitation de la superficie, il faudra encore défricher la terre avant de la livrer à l'agriculture. Les frais du défrichement pourront s'évaluer assez exactement et seront à défalquer de la valeur de la terre devenue arable. Mais, comment apprécier cette valeur? Peut-on la supposer identique à celle des terres cultivées les plus voisines et semblables pour leurs caractères physiques, minéralogiques et économiques, à condition de tenir compte de la différence de leurs impôts capitalisée au denier des placements en terres arables? Non, car suivant leur teneur en azote, ces terres ont des valeurs très-différentes, et qu'en outre la terre défrichée possède un dépôt d'humus et de feuilles mortes ordinairement très-riche. Le dosage de l'azote contenu dans les deux terres comparées, en comprenant dans l'azote de la terre défrichée celui de l'humus et des feuilles mortes, et l'évaluation de l'azote d'après son prix dans les fumiers de la localité permettraient seuls de tirer de la comparai-

son des deux terres examinées un résultat sérieux.
Encore, faudrait-il défalquer de la valeur qu'on trouverait ainsi pour la terre défrichée la moins-value résultant de l'acide tannique recélé par cette terre; moins-value qui pourrait être estimée aux frais du chaulage nécessaire pour neutraliser l'acide tannique.

On comprend toutes les difficultés que présentera l'emploi d'un tel procédé pour parvenir à l'estimation de la terre supposée défrichée. Aussi, conseillons-nous de n'attacher qu'une médiocre confiance à la solution ainsi trouvée, et de contrôler celle-ci par l'examen des résultats obtenus lors des défrichements exécutés dans des circonstances analogues. Nous n'hésitons pas même à dire que cette dernière méthode est la plus sûre. Pour l'appliquer, on déduira de défrichements similaires les revenus nets à obtenir pendant un assez grand nombre d'années, parce qu'au début les bois défrichés donnent des produits considérables, mais qui trop souvent ne se soutiennent pas. Alors on obtiendra la valeur de la terre défrichée, en escomptant, aux taux des placements en terres arables, les premiers revenus nets qui sont les plus élevés; puis capitalisant, au denier des mêmes placements en terres arables, la moyenne des derniers revenus nets, lesquels sont les plus faibles, et escomptant ce capital par le nombre d'années correspondant aux premiers revenus nets déjà escomptés. La somme des premiers revenus nets escomptés et du capital escompté correspondant à la moyenne des derniers revenus nets sera la valeur de la terre.

Par revenu net, nous avons entendu le revenu brut diminué des frais nécessaires pour l'obtenir et de l'impôt.

Enfin l'impôt sera-t-il modifié par suite du défrichement? Il n'en sera rien, aux termes de notre législation sur l'impôt foncier; parce que la propriété aura changé de nature, par une cause dépendante de la volonté du propriétaire, et postérieure à la mise en recouvrement du premier rôle cadastral dressé en exécution des lois du 17 juillet 1819 et du 1er mai 1822. D'ailleurs la jurisprudence est fixée dans ce sens par un arrêt du Conseil d'État en date du 24 août 1858.

§ 5.

Conclusion.

Maintenant que, pour chaque parcelle, nous possédons deux estimations établies, l'une dans l'hypothèse de la conservation de la culture forestière, l'autre dans l'hypothèse du défrichement, nous n'avons qu'à comparer ces deux estimations pour reconnaître s'il y a opportunité de défricher.

Mais le jugement qu'alors on portera, pourra n'être pas irrévocable pour les parcelles dont la superficie n'a pas encore atteint l'âge de son exploitabilité, l'opportunité de leur défrichement pouvant n'exister qu'à cette époque. En effet, si l'on défriche, lorsque, trop jeune, la superficie ne peut donner que des bourrées sans valeur et aucun des produits recherchés par le commerce, tels que les fagots, la charbonnette et le rondin, on fait une perte considérable sur la superficie en l'exploitant prématurément, et l'on supprimerait cette perte en reculant le défrichement. En outre, ce n'est qu'à l'époque où la super-

ficie est parvenue à son exploitabilité, que le sol
forestier possède la couche la plus abondante de
feuilles mortes et de terreau; car leurs principes fertilisants et les plus riches en azote ne se conservent
que sous un couvert assez épais pour les abriter contre l'action desséchante et volatilisante du soleil et
du vent. Ce n'est pareillement qu'à cette époque,
que les plantes parasites, infestant les jeunes taillis,
sont étouffées par le couvert, et sont moins à redou-
ter pour les cultures qui succéderont au défrichement. Ainsi l'on voit qu'en général il convient de
ne défricher les bois qu'au fur et à mesure de leur
exploitabilité. En conséquence, pour juger de l'opportunité de défricher une parcelle de bois non encore
exploitable, il ne suffira pas d'estimer et comparer
la valeur actuelle de cette parcelle suivant qu'elle
sera conservée en bois ou défrichée immédiatement;
il faudra en outre estimer sa valeur, dans ces deux
hypothèses pour l'époque où sa superficie deviendra
exploitable, et ce sera de la comparaison des deux
valeurs obtenues par cette dernière manière que devra surtout dépendre le sort de la parcelle examinée.

D'ailleurs, nous observerons que les défrichements

sont des spéculations chanceuses, et qu'on doit faire une part assez large aux mécomptes qu'on en éprouve trop fréquemment. Aussi ne conseillons-nous que les défrichements qui paraissent devoir être fort lucratifs, et même de ne les exécuter que successivement au fur et à mesure de l'exploitabilité de la superficie. Au moyen de cette dernière précaution, on ne fera pas de perte sur la superficie, soit en la coupant trop jeune, soit en la coupant tout à la fois ce qui en avilirait le prix, parce qu'elle dépasserait les besoins de la consommation locale; on exécutera le défrichement à meilleur compte, parce que les ouvriers de la localité pourront le faire à temps perdu; on livrera le sol à l'agriculture au moment où il sera le plus riche d'engrais forestier et le plus débarrassé de la végétation parasite; enfin si les premières parcelles défrichées ne donnaient pas le bénéfice sur lequel on a compté, il serait encore temps de s'arrêter pour les autres et de les conserver en bois, si la production forestière venait à être reconnue la plus avantageuse.

DEUXIÈME PARTIE

Exécution du défrichement

～∞～

CHAPITRE PREMIER

SOINS A PRENDRE PENDANT LE DÉFRICHEMENT POUR CONSERVER LA RICHESSE DU SOL FORESTIER

§ 1er.

Le sol forestier est riche à la surface.

Par leurs racines, les arbres des forêts puisent dans le sol divers éléments nutritifs dont ensuite ils déposent une partie à la surface du sol avec leurs feuilles qui le couvrent comme d'un tapis. Ce n'est pas seulement d'éléments pris dans le sol, mais encore d'éléments empruntés à l'atmosphère et notamment de principes carbonnés et azotés, que les feuilles enrichissent la surface du sol. Les feuilles vivantes de chêne et de hêtre renferment les 0,0117 de leur poids en azote; celles de peuplier, les 0,0054; celles de poirier, les 0,0136; tandis que l'engrais normal des fermes n'en contient que les 0,0040.

D'ailleurs la production foliacée est très-considérable dans les forêts. Ainsi un massif de hêtre en futaie d'une bonne végétation donne, annuellement, à l'hectare, 11.600 kilogrammes de feuilles vertes, suivant T. Hartig, et 12.000 kilogrammes de feuilles sèches suivant Bartels. Bornons-nous au modeste rendement de 10.000 kilogrammes de feuilles vertes, cela représente 117 kilogrammes d'azote, quantité contenue dans 4333 kilogrammes de froment avec sa paille. D'après nos expériences, un hectare de massif de chêne bien venant produit annuellement 5000 kilogrammes de feuilles vertes, s'il est peuplé de chêne rouvre, et 4300 kilogrammes, s'il est peuplé de chênes pédonculés; cela donne, pour la dépouille annuelle de feuilles du massif en chêne rouvre, 58 kil. 5 d'azote, quantité contenue dans 2166 kilogrammes de froment avec sa paille, et un peu moins pour le chêne pédonculé.

Sous un massif bien venant et par conséquent suffisamment serré, les feuilles ne se décomposent que lentement, en 6 ans pour le hêtre ordinairement, et forment par leur accumulation une épaisse couverture sur le sol. Sous l'abri du massif, le terreau ne se conserve pas moins bien que les feuilles mortes qui le couvrent et le produisent; c'est pourquoi, dans une forêt nouvellement défrichée, M. Berthier a pu, à l'hectare, constater la présence de 120.000 kilogrammes de matières organiques.

Outre les éléments de fertilité qu'il reçoit des feuilles, le terreau forestier, sous la double protection du massif et du tapis de feuilles qui en tombe, s'enrichit encore de l'azote des engrais atmosphériques paraissant versé annuellement par les pluies à raison de 9 kilogrammes par hectare.

Ainsi le sol d'une forêt à l'état de massif est, à la surface, très-riche en matières carbonées et azotées, tandis qu'à l'intérieur il est appauvri par la succion des racines qui l'ont épuisé.

§ 2.

Il faut le plus tôt possible enterrer la couverture du sol forestier.

Si sous le massif le sol s'enrichit, il s'appauvrit plus vite encore dès qu'on lui enlève les arbres qui l'abritaient, et qu'on le livre, sans protection, à l'action volatilisante du soleil et du vent. Alors les feuilles mortes et le terreau se décomposent rapidement en acide carbonique et ammoniaque se dissipant dans l'atmosphère, et ne laissent guère que quelques débris charbonneux et dépourvus de fertilité. Aussi, lors du défrichement, est-il très-urgent d'enterrer les feuilles mortes et le terreau, de manière que, soustraits à l'action trop vive de l'air et de la chaleur, et maintenus à une humidité convenable, ils puissent, par la catalyse, transformer leurs substances ternaires, le ligneux, la cellulose et la fécule, en matières sucrées alimentaires pour les végétaux et dissolvant les substances minérales; et qu'en même temps ils puissent fixer leur azote sous forme d'ammoniaque dans l'argile du sol et dans le terreau devenu plus durable.

Mais s'il faut immédiatement enterrer l'engrais forestier, il ne faut pas le cacher à une profondeur où les plantes agricoles ne puissent l'atteindre. Ordinairement il semblerait avantageux de ne l'enterrer qu'à une profondeur moyenne de 10 à 20 centimètres, à moins qu'il ne s'agisse de cultiver des plantes à racine profondes, telles que la luzerne.

§ 3.

Plâtrage.

L'enfouissement de l'engrais forestier ne suffit pas ordinairement pour conserver sa richesse, parce que les cultures viennent ensuite exposer à l'air cet engrais qui alors exhale dans l'atmosphère ses éléments azotés, sous forme principalement de carbonate d'ammoniaque. Mais comment enchaîner dans le sol ce principe si rebelle? C'est par le plâtrage. Répandu sur la couverture du sol forestier et dissout par la pluie, le sulfate de chaux, en présence du carbonate d'ammoniaque, donnera lieu à une double décomposition. Il se formera du carbonate de chaux insoluble et du sulfate d'ammoniaque soluble et non volatil. Ainsi transformés en sulfate d'ammoniaque, les principes azotés ne pourront plus se perdre que par infiltration, et encore ordinairement nous échapperont peu par cette voie, retenus qu'ils seront au passage par l'argile du sol actif ou au moins du sol inerte où nous pourrons les retrouver en cultivant des végétaux à racines plongeantes.

Pour que le plâtre soit en contact avec l'engrais, et partant plus efficace, il faut en saupoudrer le sol avant le défrichement. La dose de plâtre à employer variera évidemment avec la richesse de l'engrais forestier qu'on voudra fixer, plus encore avec la nature du sol, et enfin avec la composition du plâtre. Dans un sol léger, l'engrais se décompose et disparaît rapidement; au contraire, dans un sol compacte, l'engrais se décompose lentement et trouve pour ses gaz ammoniacaux un gardien assez fidèle dans l'argile alors abondante. La composition du plâtre n'est pas non plus indifférente. Il n'agit que par son sulfate de chaux dont 1000 kilogrammes peuvent fixer

205 kilogrammes d'azote. On comprend ainsi qu'avant de se décider sur la quantité de plâtre à employer, il faut connaître sa teneur en sulfate de chaux.

Incidemment, nous ne pouvons nous défendre d'exprimer notre étonnement sur l'incurie des propriétaires qui, avant de couper leurs taillis, négligent de les plâtrer et laissent la volatilisation dévaster périodiquement leurs forêts, mille fois plus que tous les délinquants.

CHAPITRE DEUXIÈME

ARRACHEMENT DES SOUCHES ET DES RACINES

§ 1er.

Arrachement après l'exploitation de la superficie.

L'exploitation de la superficie semblerait devoir toujours précéder le défrichement, pour laisser le terrain libre aux arracheurs. Il est vrai que souvent l'on procède ainsi. Les ouvriers défricheurs ne viennent qu'une fois que le bûcheron a fini sa tâche. Ils se partagent le terrain, ouvrent une tranchée à l'extrémité de leur lot, arrachent et coupent toutes les souches et racines qu'ils déterrent; puis creusent une nouvelle tranchée dont ils rejettent la terre dans la tranchée précédente, et continuent ainsi de travailler à jauge ouverte, en minant et poursuivant devant eux toutes les racines.

La profondeur à laquelle il faut de la sorte défoncer le sol nous paraît devoir être le plus souvent fixée à 25 centimètres, mesure prise dans la tranchée du côté non défriché. Moins profond, le défrichement ne permettrait pas à la charrue de fonctionner librement; plus profond, il ramènerait à la surface une terre épuisée, et enfouirait les feuilles mortes et le terreau à une profondeur où la plupart des végétaux agricoles ne pourraient les atteindre. En outre, quand de fortes racines affleurent le fond de la tranchée, il faut les poursuivre à au moins 10 centimètres de profondeur, mais en cessant d'enlever à la pelle la terre de la tranchée. Si, après le défrichement, on voulait obtenir des récoltes à racines plongeantes, il serait nécessaire, pour assurer leur succès, de faire piocher le fond de la tranchée à une profondeur environ de 10 centimètres, sans déblayer la terre.

Quand la main-d'œuvre est chère, il est plus économique de ne pas défricher à jauge ouverte, et de se contenter d'extraire les souches avec leurs grosses racines jusqu'à une profondeur de 35 centimètres. Mais alors la terre provenant du déchaussement des souches n'abrite qu'imparfaitement l'engrais forestier, et il faut le plus tôt possible l'enfouir par un labour donné avec une charrue solide, bien tranchante et à coutre adhérent au soc pour couper les petites racines qui s'y accrocheraient. Ce premier labour s'arrêtera à une profondeur de 15 centimètres, et on lui fera succéder, lors de l'époque indiquée par les besoins de l'agriculture, un labour profond de 25 centimètres et qui sera exécuté par la même charrue. Le défoncement ainsi entrepris en deux fois s'accomplira plus facilement, et plaçant les feuilles mortes et le terreau au milieu du sol actif, assurera mieux leur conservation.

Les défricheurs se servent surtout d'une pioche à revers tranchant, pour fouiller le sol et couper les racines ; puis d'une pelle, pour jeter la terre ; enfin d'une simple cognée, de coins en fer et d'une mailloche, pour débiter les souches lorsqu'elles sont déchaussées. L'arrachement des fortes souches est une opération très-pénible ; aussi, en Amérique, où l'on défriche en grand, a-t-on inventé pour cela des machines dites *essoucheuses*. Mais ces machines, utiles en Amérique où l'on brûle les souches tout entières pour en faire de la potasse, seraient peu profitables

en France où l'on débite les souches pour le chauffage. Chez nous la fente des souches, partie la plus
longue de l'arrachement, est un ouvrage très-rude,
que ne font pas les essoucheuses américaines, et qui
ne peut être facilité que par la poudre de mine
bourrée dans des trous et allumée au moyen de
l'amadou.

§ 2.

Arrachement avant l'exploitation de la superficie.

Le mode que nous venons de décrire assure à
l'exploitation ainsi qu'au défrichement une grande régularité et des façons mieux soignées, parce que le
bûcheron et l'arracheur travaillent chacun séparément
dans leur spécialité; mais il offre plusieurs inconvénients dont le plus grave est de laisser trop longtemps l'engrais forestier sans abri contre le soleil et
le vent. Pour remédier à cet inconvénient, on peut
arracher le taillis et la futaie, avant de les couper
au pied, excepté les menues broussailles qui gêne-
raient l'arracheur. Alors les ouvriers coupent et en-

lèvent les racines, déchaussent les souches, puis, au lieu de les débiter immédiatement, les arrachent unies encore aux troncs des arbres, en tirant ces derniers avec des cordes attachées à leurs branches supérieures ; procédé d'essouchement plus efficace que celui des machines américaines. Ensuite la souche se détache à la scie le plus bas possible, ce qui donne plus de longueur au tronc, en supprimant la perte que lui fait subir l'entaille de la cognée. Si les manœuvres défricheurs ne sont bons qu'à travailler les souches et les racines, et ne savent pas façonner les bois, il faut confier, par entreprise, ce façonnage à des bûcherons de profession lesquels feront de la marchandise mieux parée et d'un débit plus facile.

Ce mode de défrichement offre l'embarras d'avoir tout à faire à la fois, et par suite beaucoup de confusion. Pourtant si l'opération est bien dirigée, si l'on a soin d'aligner les ramiers comme dans les exploitations ordinaires, nous croyons ce mode préférable, parce que, tout en conservant mieux l'engrais forestier, il permet d'extraire les souches plus facilement et de gagner sur la longueur du fût des arbres.

§ 3.

Produits de l'arrachement.

Les souches et les racines des arbres de nos forêts produisent une quantité de bois variable suivant les essences, mais qui, en moyenne, s'élève à près du cinquième du volume de ces arbres. Pour les brins de taillis, le·rapport du bois souterrain au bois superficiel est plus fort, d'autant plus que le taillis est plus jeune. Néanmoins plus il y a de gros arbres ainsi que de fortes souches, et plus le produit de l'arrachement est considérable. Dans un taillis peuplé de fortes cépées de chêne, de hêtre et de charme, et surmonté d'une futaie nombreuse, on peut, à l'hectare, obtenir environ 120 stères de souches et de racines. Mais si la futaie est rare, et le taillis, formé de cépées faibles, de drageons et de brins de semence, il ne faut pas compter sur plus de 80 stères.

Fendues de manière à pouvoir être brûlées commodément, les souches et les racines se vendent en forêt, moyennement, 3 francs le stère. Si, dans la localité, on ne trouve pas un débit avantageux de ces produits, on pourra les convertir en charbon. Leur carbonisation réussit aussi bien que pour les charbonnettes ordinaires, si, par la fente, les souches et les racines ont été réduites à un diamètre moindre que 20 centimètres, et si, lors du dressage des fourneaux, on a soin de remplir, de menues racines ou même de petites branches, les interstices des souches et des fortes racines, pour y empêcher l'introduction de la couverture de feuilles mortes et de frasil.

§ 4.

Frais de l'arrachement.

Les frais de l'arrachement varient avec le sol, suivant qu'il est meuble ou tenace; avec le peuplement, suivant qu'il est formé de bois durs et d'une extraction difficile, ou de bois blancs à racines superficielles et d'une extraction facile; avec la dimension des souches qui, grosses, sont d'une fente très-pénible, et, petites, n'ont pas besoin d'être fendues; enfin avec le salaire des ouvriers qui, par son taux, achève de fixer le coût du défrichement. On estime que, de novembre à mars, il faut deux cents à trois cent-cinquante journées d'ouvriers à 1 fr. 50 l'une, pour défricher à jauge ouverte un hectare de bois. Si les ouvriers ne font qu'extraire les souches avec leurs grosses racines, et que le défoncement soit pratiqué à la charrue, l'opération sera ordinairement moins onéreuse, pourvu qu'elle soit bien dirigée et que l'arrachement précède l'exploitation de la superficie.

Pour obtenir un défrichement bien exécuté, il faut intéresser l'ouvrier à extraire beaucoup de souches et de racines. Dans ce but, on marchandera avec lui au stère et non pas à l'hectare ou à l'are. Seulement on devra constamment surveiller la confection des stères pour empêcher que l'ouvrier ne les empile sur des tertres, ou bien ne remplisse l'intérieur des stères avec des branches, des feuilles ou des souches entières et non fendues aux dimensions préalablement fixées. Pour se débarrasser de cette surveillance, ou au moins la diminuer, il est généralement avantageux d'abandonner en paiement à l'ouvrier les souches et racines qu'il arrache, sauf, s'il y a lieu, à lui donner un appoint calculé encore à raison de tant par stère. Avec cet abandon du bois déraciné, il faut, lorsqu'on défriche avant l'exploitation, déployer beaucoup de vigilance pour empêcher l'ouvrier d'anticiper à son profit sur les pattes des arbres. Il est même nécessaire de lui marquer sur le tronc le point où il devra détacher la souche. Enfin nous recommandons de marchander le défrichement, assez tôt et à un nombre d'ouvriers suffisant, pour que ceux-ci puissent exécuter leur tâche à temps perdu, et enfin de leur assurer soit en bois, soit en argent, une rémunération telle qu'ils n'abandonnent pas leur entreprise, mais livrent le plus tôt possible à l'agriculture le sol qu'on lui destine.

CHAPITRE TROISIEME

ECOBUAGE

Pour défricher les terrains couverts de gazon, souvent on pratique l'écobuage. On étend même cette méthode, mais en la modifiant, aux taillis sartés, pour en obtenir, après chaque coupe, une ou deux récoltes de céréales. Or, n'y aurait-il pas lieu d'écobuer aussi le sol forestier lorsqu'on le défriche définitivement? C'est ce que nous allons examiner.

Dans les terrains couverts de gazons, l'écobuage consiste à enlever le gazon par mottes qu'on laisse sécher, à en bâtir de petits fours dont les gazons forment les parois internes, à mettre le feu à ces fours, à en clore les issues pour que la flamme ne puisse s'y faire jour, et enfin avant les semailles à répandre sur le sol les produits de la combustion.

Cette opération condense dans l'argile de la terre gazonnée les gaz provenant de la combustion, transforme ainsi en substances immédiatement assimilables par la végétation les matières organiques garnissant le sol, neutralise l'acide tannique si abondant surtout dans la terre de bruyère, et détruit les mauvaises herbes ainsi que les insectes nuisibles, par exemple les altises si acharnés contre les colzas et les navets. On voit que l'écobuage ainsi pratiqué est ordinairement inexécutable dans les défrichements de forêts, attendu qu'il ne convient généralement de défricher que des massifs assez serrés pour avoir enrichi d'engrais leur sol, et sous lesquels par conséquent n'ont pu croître les gazons nécessaires aux mottes solides et combustibles des fours à écobuer. Ce ne sera que lorsque par exception on défrichera un taillis tout jeune, ne formant pas massif et tapissé de gazon, que l'on pourra recourir à ce procédé d'écobuage.

Mais si cette méthode d'écobuage est ordinairement impraticable lors des défrichements de bois, ne faudrait-il pas, pour l'étendre à toutes les opérations de ce genre, la modifier suivant la pratique usitée dans les taillis sartés? Dans ces taillis, le plus souvent gazonnés, parce qu'ils sont peu serrés et peuplés de chêne dont le couvert est léger, on répand sur le parterre des coupes exploitées les branches trop menues pour donner du bois de corde, et l'on y met le feu. La flamme réduit en cendre les branches, le gazon, les feuilles et leur tannin, dissipe presque tous leurs éléments azotés, mais rend le terrain libre et plus actif pour une culture temporaire, qui n'a pas besoin de ménager la fertilité du sol et qui ne doit viser qu'à l'économie dans l'exécution. Au contraire, dans les taillis défrichables, le terrain n'est pas ordinairement couvert de gazon, mais seulement de feuilles mortes qui ne peuvent gêner la culture à condition qu'un chaulage neutralise leur acide tannique, et qui, si elles étaient brûlées, seraient perdues presque sans profit.

En résumé, pour le défrichement des bois, nous ne sommes point partisan de l'écobuage ordinaire et encore moins de celui pratiqué dans les taillis sartés.

TROISIÈME PARTIE

Direction agricole des terres qui proviennent d'un défrichement

CHAPITRE PREMIER

BATIMENTS RURAUX

§ 1er.

Opportunité de leur construction.

Nous avons vu que si la population agricole est trop éloignée d'un bois pour cultiver avantageusement les terres qu'on obtiendrait en le défrichant, ce bois présente une circonstance défavorable au défrichement, parce qu'alors il exigerait la construction de bâtiments ruraux coûtant cher et n'étant que d'un bien chétif rapport. Néanmoins, quand cette construction sera loin d'absorber tous les profits du défrichement et sera indispensable pour la culture des nouvelles terres, on ne devra pas hésiter à faire cette dépense. Seulement, si l'on ne défriche que successivement, comme nous l'avons conseillé, il conviendra de ne pas construire au début du défrichement, mais au bout de quelques années, lorsque l'étendue des terres ne pourra plus être avantageusement cultivée par la population voisine à cause de son éloignement, et sera suffisante pour occuper déjà un petit fermier. En outre, si le défrichement ne doit se terminer qu'à une époque assez reculée, nous engageons à ne construire d'abord que le bâtiment d'habitation et la portion des bâtiments d'exploitation à utiliser immédiatement, afin de ne pas perdre l'intérêt de l'argent destiné à cet emploi; d'autant plus qu'on ne réalisera le capital nécessaire à la construction, que par la vente de la superficie, laquelle s'effectuera successivement comme le défrichement.

Nous allons indiquer les conditions les plus importantes auxquelles les bâtiments ruraux doivent satisfaire pour donner les meilleurs résultats.

§ 2.

Emplacement.

Les bâtiments ruraux doivent être placés au centre de l'exploitation, pour diminuer les frais de transport des récoltes et des engrais, ainsi que le temps perdu par les hommes et les animaux en allant aux champs et en revenant; à proximité d'eaux potables et intarissables provenant soit de puits, soit de source ce qui est préférable; dans un lieu sec où l'humidité ne puisse nuire aux hommes, aux animaux, aux récoltes et aux bâtiments; loin de marais, d'étangs ou de rizières qui exhaleraient des effluves fiévreux; enfin à l'aspect du midi, pour jouir d'une température assez chaude et qui ne soit pas sujette à de brusques variations. Il sera souvent impossible de trouver un emplacement qui satisfasse à toutes ces conditions, alors il faudra choisir celui qui les conciliera le mieux. On n'oubliera pas que le plan topographique, dont l'on a dû se munir pour étudier la forêt en vue d'un défrichement, sera très-utile pour trouver la situation convenant le mieux aux bâtiments.

§ 3.

Distribution.

Une bonne distribution des bâtiments doit assurer la facilité pour la circulation, la commodité pour la surveillance, un logement salubre pour les hommes et les animaux, un abri sûr pour les récoltes, et enfin pour les travaux à exécuter dans la ferme leur réduction au minimum. Dans ce but, il faut généralement que les cours soient assez étendues, aient au moins 16 mètres de largeur pour se bien prêter à la manœuvre des attelages; que l'habitation du fermier soit centrale et dominante, afin que ce dernier y puisse, d'un coup d'œil, apercevoir tout ce qui se passe dans la cour et sur le territoire de sa ferme; que cette habitation soit élevée de 50 centimètres au-dessus du sol et bâtie sur cave, pour être à l'abri de l'humidité; que les bâtiments d'exploitation soient élevés de 25 centimètres au-dessus du sol pour être suffisamment secs; que la bergerie et les loges à porcs aient leurs ouvertures à l'aspect du midi, pour favoriser le succès des éducations; que les valets d'écurie, bouviers et bergers soient logés près de leurs bestiaux, pour avoir l'œil sans cesse sur eux; que les planchers de l'écurie, de l'étable et des loges à porcs soient en matériaux imperméables et en pente légère ménageant par des rigoles l'écoulement immédiat des urines jusque dans le puisard de l'aire à fumier; que l'aire à fumier soit placée assez près du logement des bestiaux, pour faciliter le transport du fumier sur cette aire; que les greniers à fourrages et les silos à racines soient disposés, les uns au-dessus, les autres à proximité du logement des bestiaux, pour qu'on puisse plus facilement distribuer à ces derniers leur nourriture; et que la grange où l'on abritera les gerbes de céréales contienne également la machine à battre, ce qui mettra les gerbes à portée de cette machine.

§ 4.

Capacité.

Le logement du fermier et de sa famille doit avoir une étendue variable avec l'importance du domaine et les usages de la localité; sa capacité sera donc analogue à celle des bâtiments affectés à l'habitation dans les fermes d'égale valeur, aux environs. En outre, il devra contenir le grenier à blé qui sera établi sur des poutres armées, pour qu'on puisse y entasser le grain jusqu'à 1 mètre de hauteur.

L'écurie exige une capacité de 28 mètres cubes par cheval. La chambre du valet d'écurie et celle à avoine doivent chacune y occuper autant de place qu'un cheval, et la sellerie, 4 mètres cubes par cheval. L'emplacement destiné à chaque cheval aura $1^{m}\cdot75$ de largeur et 4 mètres de longueur et de hauteur.

Pour l'étable, il suffit de 24 mètres cubes par vache ou bœuf. La chambre du bouvier et celle des jougs et harnais doivent chacune y occuper la place d'une bête à cornes. L'emplacement affecté à chaque tête de gros bétail aura 1^{m}·50 de largeur et 4 mètres de longueur et de hauteur.

La bergerie doit offrir 3$^{m.c.}$50 par brebis et 2$^{m.c.}$62 par agneau, soit, avec 3^{m}·50 de hauteur, 1 mètre carré par brebis et 0,75 de mètre carré par agneau.

Les greniers à fourrages à élever au-dessus de l'écurie, de l'étable et de la bergerie auront, de hauteur moyenne, 5 mètres pour contenir l'approvisionnement des chevaux et des bêtes à cornes, et 4 mètres pour l'approvisionnement des moutons menés au pâturage six mois de l'année. On pourra diminuer, mais seulement un peu, ces hauteurs, si les racines servent à nourrir le bétail, car elles ne doivent entrer que comme accessoire dans son alimentation.

Les loges à porcs demandent 1^{m}·60 de largeur, 2 mètres de longueur et environ 2^{m}·50 de hauteur.

La grange présentera une capacité de 2$^{m.c.}$70 par hectolitre de grains, plus l'emplacement nécessaire pour la machine à battre et le dépôt de la paille au début du battage.

Les hangars doivent être suffisants pour abriter les instruments aratoires et les voitures, tout en leur ménageant une entrée et une sortie commodes.

Nous avons dit que si l'on défriche successivement, il ne faut pas élever à la fois toutes les constructions, mais d'abord seulement la maison d'habitation et les bâtiments d'exploitation qu'on peut utiliser immédiatement; nous réitérons ce conseil, et nous engageons à ne bâtir d'abord ni l'étable, ni les hangars, mais provisoirement à faire servir l'écurie simultanément pour les chevaux et les bêtes à cornes, et à employer la grange, pour abriter à la fois les gerbes, les voitures et les instruments aratoires.

§ 5.

Économie de construction.

L'argent dépensé à élever des bâtiments ruraux sur un défrichement ne rapporte qu'un intérêt minime, il faut donc apporter la plus stricte économie dans leur construction. Destinés à supporter de lourdes charges, ces bâtiments doivent sans doute être assez solides pour y résister; mais cela n'empêchera pas de ne leur donner que la capacité nécessaire et de les construire suivant le mode et avec les matériaux les moins chers. Ainsi, il sera ordinairement avantageux de bâtir en bois, la grange, les hangars et les greniers à fourrages, une seule épaisseur de planche devant alors former l'enceinte de ces abris. Souvent aussi, en employant, pour la toiture, une couverture légère, par exemple, en ardoises ou en tuiles mécaniques, il suffira d'une charpente peu coûteuse pour supporter cette couverture.

CHAPITRE DEUXIÈME

CHEMINS D'EXPLOITATION

Si les bâtiments ruraux sont une charge très-onéreuse et qu'on ne doive se résoudre à en construire, lors d'un défrichement, que lorsqu'on est obligé de confier ses nouvelles terres à un fermier résidant sur place; il n'en est pas de même des chemins d'exploitation, il faut les créer en tout cas, pour faciliter la vente ou la location parcellaire aussi bien que le bail en bloc à un fermier. Autant que possible ces chemins devront être dirigés de manière à ne pas gêner les cultures; droits dans la plaine, pour suivre la ligne la plus courte; sinueux sur les versants, de manière à ne pas avoir une inclinaison qui dépasse 6 centimètres par mètre; assez larges pour que la circulation y soit commode; tracés dans une situation assez sèche pour être solides; bombés suivant le profil en travers, ce qui assurera l'écoulement des eaux vers chaque côté; légèrement inclinés suivant le profil en long, pour ménager l'écoulement des eaux qui rempliraient les ornières; bordés de fossés dans les emplacements humides, afin d'assainir la voie; et pourvus de cassis pavés ou d'aqueducs rustiques là où ils seraient traversés par des ruisseaux. Exécutés sans mouvement de terre suivant le profil en long, ces chemins ne coûteront que quelques centimes par mètre courant.

Le réseau des chemins variera avec sa destination. S'il doit assurer le succès d'une vente ou location parcellaire, il faudra multiplier assez les chemins pour que chaque parcelle y aboutisse, et en outre donner à ces chemins la direction la plus commode pour l'accès des populations environnantes. Si les chemins sont destinés seulement à l'exploitation d'une ferme, ils devront être moins nombreux, séparer les différentes soles et se diriger vers l'habitation du fermier, tout en correspondant, si c'est possible, aux chemins publics de la localité.

Lorsque l'on construit des bâtiments de ferme sur le domaine défriché, il faut, à leur abord, élargir les chemins pour les planter d'arbres fruitiers qui, par leur feuillage et leur ombre, exerceront sur la santé des habitants une influence salutaire; par leurs tiges élevées, détourneront en partie le danger de la foudre; par leurs fruits, seront une ressource précieuse; et par leur aspect, donneront au corps de ferme un agréable ornement.

CHAPITRE TROISIÉME

ENGRAIS

§ 1er.

Chaux.

La plupart des arbres forestiers produisent et contiennent de l'acide tannique, notamment le chêne, le bouleau, l'orme, le cornouiller, le coudrier, le saule, le sapin, l'épicéa et le mélèze; aussi forment-ils par leurs détritus un terreau acide, favorable à la végétation forestière, mais ordinairement nuisible à la végétation agricole, par exemple, aux prairies permanentes où alors on ne récolte que des fourrages pauvres en parties nutritives et peu agréables aux animaux. Après un défrichement, il faut donc neutraliser l'acide contenu dans le sol. Pour cela, le meilleur moyen c'est d'employer la chaux qui, d'un tannin nuisible, fera un tannate de chaux inoffensif. Mais on devra ne se servir de la chaux qu'avec beaucoup de prudence. Mise en contact avec le terreau, elle en provoque la décomposition et en chasse l'ammoniaque. Aussi, conseillons-nous de ne chauler qu'après le défrichement, lorsque le carbonate d'ammoniaque transformé par le plâtre en sulfate d'ammoniaque, et fixé en partie par l'argile, craindra moins la chaux; et à dose faible, de quelques hectolitres seulement par hectare, surtout dans les terrains légers où le terreau se décompose si rapidement, sauf à réitérer le chaulage chaque année, tant que le sol contiendra du tannin libre. On en reconnaîtra la présence en faisant bouillir la terre dans de l'eau, et en versant dans la solution filtrée une solution de gélatine qui, avec l'acide tannique, produira un précipité blanc opaque. La chaux s'emploie éteinte à l'air, réduite ainsi en poudre, et par un temps sec pour ne pas former pâte.

On ne se sert pas de la chaux, seulement pour neutraliser les acides, on en fait encore usage pour donner l'élément calcaire aux sols qui en sont dépourvus et surtout aux glaises. C'est par ce moyen que, de ces terres, on obtient d'abondantes récoltes de blé et de fourrages légumineux. La marne s'emploie aussi pour le même usage. Quant au sulfate de chaux ou plâtre, c'est un engrais spécial à certaines plantes avides d'acide sulfurique, telles que la luzerne, le trèfle, le sainfoin, le colza, la navette, le sarrasin et le maïs.

§ 2.

Noir de raffinerie.

Il est des terres, particulièrement celles dépourvues de carbonate de chaux et caractérisées par la présence de l'ajonc et des bruyères, où manque le phosphate de chaux, et où la neutralisation du tannin par la chaux ne suffit pas pour obtenir de bonnes récoltes des bois défrichés. Il faut alors, au début du défrichement, avoir recours au noir de raffinerie. On ne doit l'employer que lorsqu'il n'est plus acide, et que, de sa matière animale, ayant formé de l'ammoniaque, il peut ramener au bleu le papier de tournesol rougi. On le mouille et on le brasse avec les grains de semence, de manière à les bien praliner et on le répend avec la semence, à dose de 4 hectolitres par hectare.

Avec l'emploi du noir de raffinerie, le chaulage réclame des soins particuliers. Quelques mois avant les semailles, il faut répandre la chaux et l'enterrer, soit par un fort hersage, soit par un léger labour, de manière à ce que, pour cette époque, elle soit neutralisée par l'acide tannique, et que celle qui aurait échappé à l'action de cet acide, ne se trouvant pas en contact avec le noir de raffinerie, ne puisse rendre insoluble le phosphate de chaux, en le saturant, ce qui le rendrait inefficace.

§ 3.

Utilité des engrais azotés.

Au début, les bois défrichés donnent d'abondantes récoltes, sans avoir besoin d'engrais autres que le plâtre, la chaux et parfois le noir de raffinerie à petite dose; mais la végétation y serait bien vite déchue de sa première splendeur, si elle n'était soutenue par les engrais azotés ordinaires. Ces engrais s'obtiennent de végétaux qu'on enfouit, soit à l'état vert, soit après les avoir animalisés en les faisant consommer par le bétail. Parmi les éléments nécessaires à la végétation, l'azote étant ordinairement celui qui se trouve en moindre proportion dans ces engrais, on estime ceux-ci d'après leur teneur en azote.

On doit consacrer l'engrais à élever les plantes qui le paient le plus cher, et surtout l'employer de manière à obtenir les plus fortes récoltes possibles, tant qu'il coûte moins que l'augmentation de produit correspondante. C'est là tout le secret des profits agricoles. Ainsi dans une terre où l'engrais ne subirait aucune perte et où l'argile serait saturée d'azote, un engrais dosant $2^{kil.}7$ d'azote, et coûtant 5 fr. 40 à 2 fr. le kilogramme, produirait 100 kilogrammes de froment avec sa paille et valant environ 20 fr. Les bénéfices de l'agriculture augmentent donc avec l'abondance des engrais qu'elle emploie, mais seulement jusqu'à une certaine dose en rapport avec la quantité d'engrais que les végétaux peuvent s'assimiler, et correspondant aux plus grandes récoltes que l'on puisse obtenir. Par exemple, si la plus forte récolte de froment que nous puissions obtenir est de 2,4000 kilogrammés à l'hectare, nous devrons faire usage de la quantité d'engrais nécessaire pour produire cette récolte. Nous avons dit qu'avec un engrais contenant $2^{kil.}7$ d'azote, on pourrait obtenir 100 kilogrammes de froment; mais, ce ne serait qu'en plusieurs années, parce qu'en une seule, le froment, comme la plupart de plantes agricoles, ne consomme des engrais ordinaires qu'une fraction variable avec les sols et les engrais, et qui, pour le froment, s'élève souvent à $\frac{28}{100}$. Ainsi, soit x la quantité d'azote nécessaire au sol pour donner en une seule moisson 100 kilogrammes de froment, on aura :

$$\frac{28}{100} \; x = 2^{kil.}7, \text{ d'où } x = \frac{2^{kil.}7 \times 100}{28}$$

Par suite, pour avoir une récolte de 2,400 kilogrammes de froment, la quantité d'azote, à avancer au sol, sera de

$$\frac{2^{kil.}7 \times 100}{28} \times 24.$$

Mais, puisque généralement les plantes agricoles ne consomment pas en une seule année tout l'engrais qu'on leur donne, la terre doit contenir du vieil engrais qu'il faut défalquer de la quantité indiquée ci-dessus pour produire 2,400 kilogrammes de froment. Le dosage du vieil engrais s'établira d'après la dernière récolte portée par le sol et la fraction d'engrais qu'elle aura consommée. Ainsi, si la dernière récolte était de 2,400 kilogrammes de froment, c'est que ce froment a trouvé dans le sol un engrais contenant en azote

$$\frac{2^{\text{kil.}}7 \times 100}{28} \times 24 \text{ sur lequel il a pris } 2^{\text{kil.}}7 \times 24 \text{ et}$$

$$\text{laissé donc } \frac{2^{\text{kil.}}7 \times 100}{28} \times 24 - 2^{\text{kil.}}7 \times 24.$$

Cette méthode pour calculer le vieil engrais n'est pas applicable lorque la dernière récolte consistait en fourrages. Alors l'expérience apprend que le vieil engrais d'un champ de trèfle ou de luzerne contient environ 1 kilogramme d'azote par chaque quintal de foin récolté pendant la durée de ces plantes fourragères. Enfin, outre le vieil engrais, il faudra encore défalquer par hectare les 9 kilogrammes d'azote que l'atmosphère y accorde à la végétation de chaque année.

Dans les calculs que nous venons de faire pour mettre en évidence l'utilité des engrais azotés, nous avons, pour plus de clarté, supposé que le sol avait son argile saturée d'azote, et qu'en outre, il ne laissait perdre aucune portion de l'engrais. Mais cette double hypothèse n'est malheureusement pas conforme à la réalité. D'un côté, beaucoup d'argiles sont loin d'être saturées, et attendent qu'elles le soient pour donner des récoltes proportionnelles aux engrais. D'un autre côté, les engrais éprouvent toujours quelques pertes, soit par l'infiltration, soit par l'évaporation, surtout dans les terres sèches que, pour ce motif, nous avons conseillé de ne pas défricher. Il en résulte que l'expérience peut seule enseigner la quantité d'engrais à appliquer à chaque terre et le bénéfice à retirer de cet engrais. Par suite un cultivateur doit toujours avoir un champ d'étude pour y faire en petit les expériences propres à l'éclairer sur ce sujet.

§ 4.

Engrais verts.

Il est des plantes qui offrent, dans leur composition, plus d'azote qu'elles n'en n'ont puisé dans les parties solubles du sol, et qu'alors, on cultive pour améliorer la terre, en les enfouissant lorsqu'elles sont en fleur, au moyen d'une charrue portant sous l'age une planche, afin de courber les tiges avant l'arrivée du soc. Le prix de revient de ces engrais verts s'obtient en divisant par le nombre de kilogrammes d'azote paraissant soutirés de l'atmosphère, les frais qu'ils ont coûtés, à savoir le labour, la semence, le hersage, l'enfouissement, et le loyer de la terre pendant la végétation des plantes améliorantes. Parmi les végétaux que l'on cultive avec le plus de profit pour en former des engrais verts, nous citerons le lupin pour les glaises, surtout celles qui sont ocreuses, et la fève pour les autres terres lorsqu'elles sont suffisamment fraîches. Pour cet emploi, on sème le lupin à raison d'un hectolitre et demi, et la fève à raison de trois hectolitres et demi par hectare. On fait usage des engrais verts, lorsqu'on a un bétail insuffisant ou que le transport d'autres engrais est trop difficile. Il faut spécialement avoir recours aux engrais verts, à la suite d'un défrichement, lorsque l'exploitation agricole n'est pas encore montée sur son pied définitif, et qu'ainsi on n'a pas sur place un bétail suffisant.

§ 5.

Engrais animaux.

Ces engrais sont formés de déjections animales mêlées ordinairement de litière. Ils coûtent moins cher à produire que les engrais verts; parce que les plantes dont on nourrit le bétail se transforment, pour une partie, par l'assimilation, en produits animaux d'une plus grande valeur, et, pour presque tout le surplus, par les excrétions, en urines et excréments qui alors servent d'engrais. Pour obtenir le prix de revient de ces engrais, il faut établir pour les animaux, d'une part, les frais qu'ils causent, tels que intérêt et amortissement du prix d'achat, nourriture, litière, soins, loyer de bâtiment; et, d'une autre part, les profits qu'ils donnent, tels que travail, chair, lait et laine; retrancher du montant des frais celui des profits; et diviser la différence par le nombre de kilogrammes d'azote contenu dans l'engrais.

Les principes azotés, qui forment la richesse de celui-ci, passent, par la fermentation, à l'état surtout de carbonate d'ammoniaque qui se dissipe dans l'atmosphère. Pour éviter une perte aussi fatale, on a inventé plusieurs moyens.

Le plus souvent, on dépose les fumiers, c'est-à-dire les déjections animales avec les litières pailleuses, sur une aire imperméable, inaccessible à l'invasion des eaux pluviales courantes, abritée contre le soleil et le vent, par exemple, par une plantation de noyers ou d'épicéas, et légèrement inclinée vers son centre où se trouve un puisard à parois imperméables, avec une pompe pour arroser le fumier, lorsque sa température s'élève trop et ainsi modérer l'activité de sa fermentation. Ce procédé est insuffisant et demanderait à être complété par le plâtrage des engrais aussitôt qu'on les dépose sur l'aire à fumier.

Malheureusement, tout en fixant l'ammoniaque, le plàtre produit accessoirement de l'acide sulfhydrique dont l'odeur insupportable oblige, pour employer cette pratique, à placer le fumier loin des habitations, et de manière que les émanations en soient écartées par les vents qui règnent dans la localité. Si l'inconvénient d'éloigner l'emplacement des fumiers empêche leur plâtrage, à mesure qu'on les dépose sur l'aire; au moins faudrait-il, lors de leur emploi, les plâtrer, afin d'amoindrir les pertes que l'évaporation leur fait subir, principalement dans les terres légères, avant qu'ils soient assimilés par les végétaux.

Le second moyen auquel on a recours pour fixer l'ammoniaque des déjections animales, sans accessoirement produire de l'acide sulfhydrique, c'est l'emploi de litières poudreuses formées d'argile desséchée, et dépourvue de carbonate de chaux telle que la glaise. Le seul inconvénient qui en résulte, c'est la quantité d'azote que l'argile s'approprie pour ne plus la restituer, et qui s'élève à $3^{kil},75$ par mètre cube.

Enfin, le moyen de tirer le meilleur parti des engrais, c'est de les enfouir immédiatement dans des fosses fermées, avec huit fois leur volume d'eau et une légère dose de plâtre. Les engrais y subissent une lente catalyse, et abandonnent à l'eau leurs principes azotés. Si les fosses n'ont pu être placées dans une position qui domine les champs, on emploie une pompe mue par la vapeur ou par des chevaux, pour élever dans un réservoir supérieur cette infusion qui, de là, est dirigée vers les différentes parties du domaine, par des conduits, par exemple en béton, avec des regards convenablement espacés, pour qu'en y adaptant des tuyaux flexibles en gutta-percha, on puisse bien répartir l'engrais liquide. Composé de principes immédiatement assimilables, l'engrais n'est alors distribué aux végétaux qu'à mesure de leurs besoins, et ainsi produit des effets merveilleux, parfois décuples de ceux obtenus des engrais lents tels que les fumiers ordinaires.

CHAPITRE QUATRIÈME

MACHINES AGRICOLES

Si parfois le défrichement donne des domaines agricoles d'un même tenant et d'une trop vaste étendue pour que la vente parcellaire en soit profitable; en revanche, ces circonstances offrent pour l'exploitation quelques avantages précieux qu'il ne faut pas négliger, par exemple, la facilité d'appliquer les engrais liquides dont nous venons d'indiquer les brillants résultats, et, en outre, d'employer quelques machines dont trop souvent le morcellement de la propriété interdit l'usage, et dont nous allons exposer l'utilité.

La piocheuse mécanique, c'est-à-dire une roue en fonte, armée de dents en forme de pioches, et mue par une machine à vapeur mobile, remplacerait ici la charrue; et donnerait des labours excellents, plus rapides et beaucoup plus économiques, lorsqu'on aurait le combustible à des prix convenables.

La moissonneuse américaine qui fauche rez-terre le blé, ou mieux encore la vieille moissonneuse gauloise, qui ne récoltait que les épis et laissait la paille sur le sol, exécuterait la moisson rapidement et avec peu de bras.

La faucheuse et la faneuse faciliteraient la récolte des fourrages.

La même machine à vapeur ferait le labour des champs, la moisson des céréales, le dépiquage des grains, la fauchaison des prairies, le fanage des fourrages, le service de la pompe aux engrais, et même celui d'une machine à irriguer, si c'est possible. Elle ne dépenserait pas de combustible lorsqu'elle ne travaillerait pas, tandis que les moteurs animés exigent de la nourriture, même lorsqu'ils se reposent.

CHAPITRE CINQUIÈME

§ 1ᵉʳ.

Convenance des labours à plat ou en billons.

Avant de cultiver un bois défriché, il faut examiner si c'est le labour en billons ou celui à plat qui est le mieux approprié à la nouvelle terre, et adopter celui qui offre le plus d'avantages. Le labour en billons assainit les terres humides, en les bombant; et donne de la profondeur à une portion des terres superficielles, en les relevant pour former le dos des billons. Mais ce genre de culture empêche de croiser les labours; gêne le scarificateur, l'extirpateur, la herse, la répartition des engrais, la fauchaison des fourrages, celle des céréales, ainsi que le jeu des grandes machines agricoles dont nous avons recommandé l'emploi pour les exploitations très-étendues ; et enfin oblige à un défoncement plus profond sur les épaules des billons, pour que les racines ne puissent y arrêter le travail de la terre. Tous ces motifs engagent à n'employer que le labour à plat pour les terrains nouvellement défrichés, et à n'y combattre l'humidité que par le drainage ou par des rigoles d'écoulement tracées suivant la plus grande pente. Quant au défaut de profondeur des terres, on n'aura pas besoin d'y remédier en les accumulant en billons, car si l'on a suivi nos conseils, on aura laissé sous le régime forestier, les sols trop superficiels pour l'agriculture.

§ 2.

Profondeur des labours.

En général, et surtout dans les sols tenaces, de profonds labours sont favorables aux plantes : ils leur ménagent la facilité d'enfoncer plus librement leurs racines, les principes nutritifs d'un volume de terre plus considérable et une fraîcheur plus constante. Par suite, on estime ordinairement qu'une terre n'est pas encore portée à son plus haut degré de production, tant qu'elle n'est pas ameublie jusqu'à une profondeur de 50 centimètres. Mais dans un bois défriché, où les couches inférieures du terrain sont les plus épuisées par les arbres, les labours profonds offrent moins d'avantages, puisque la terre dont ils ouvrent l'accès aux racines ne peut donner à ces dernières qu'une maigre nourriture; aussi ne sont-ils pas à conseiller, à moins qu'on ne veuille cultiver des végétaux à racines plongeantes, tels que la luzerne, et encore devra-t-on alors avoir soin de ne pas ramener à la surface les couches inférieures du sol. A cet effet, on emploiera la charrue sous-sol, c'est-à-dire sans versoir, et qui laisse au fond du sillon la terre qu'elle ameublit. On pourra lui donner une entrure de 30 centimètres, ce qui suffira pour la luzerne. Si le sol n'a pas encore été défoncé à cette profondeur, la charrue devra être bien tranchante pour couper les petites racines qui le parcourent. Si le défrichement avait été mal exécuté et que de fortes racines arrêtassent la charrue sous-sol, il faudrait recourir au pelleversage; opération très-onéreuse, et qui consiste à défoncer à la pioche le fond des sillons, à mesure de leur ouverture par la charrue à versoir. Enfin si l'on faisait usage de la piocheuse à vapeur, on donnerait moins de profondeur au labour, pour mélanger moins de mauvaise terre avec la bonne, dût la luzerne être alors d'une moindre durée.

§ 3.

Nettoiement des mauvaises herbes.

Un bois défriché est souvent envahi par les mauvaises herbes, soit qu'on l'ait défriché trop jeune lorsque le couvert n'avait pas encore étouffé ces herbes sauvages qui étalent leur végétation luxuriante dans les jeunes peuplements, soit que la précaution de ne le défricher que parvenu à son exploitabilité n'ait pas eu un plein succès; aussi faut-il alors avoir recours à des moyens énergiques, pour donner à la terre cette netteté indispensable au succès des plantes agricoles. Lors des moissons, on donnera plus de longueur au chaume, et ensuite on y mettra le feu, pour détruire, à la surface du sol, les graines des herbes parasites. Puis on labourera la terre, dès qu'elle aura le degré de fraîcheur suffisant pour être entamée par les instruments aratoires. Si le nouvel ensemencement se fait en automne, il faudra, une vingtaine de jours avant le semis, pulvériser le guéret avec la herse ou même le rouleau, pour que les graines sauvages cachées dans l'intérieur des mottes puissent germer, et que le labour d'ensemencement détruise cette génération de plantes importunes. Si l'ensemencement n'a lieu qu'au printemps, les météores de l'hiver suffiront pour pulvériser le guéret, et assurer la pousse des herbes adventives qui pourront ainsi être détruites lors des semailles. Si le sol était soumis à une jachère complète, il faudrait, avec le scarificateur ou l'extirpateur, détruire chaque génération de ces herbes sauvages lorsqu'elles seraient en fleur. Une fois les semences confiées à la terre, les plantes qu'elles produiront ne devront pas être laissées sans protection contre les végétaux parasites. Mais, au printemps, on hersera le froment avant qu'il n'ait tallé, et les prairies artifielles avant qu'elle ne soient entrées en végétation; plus tard, on arrachera à la main les chardons avant leur maturité; enfin on sarclera avec soin les plantes demandant ce genre de culture, ce qu'on facilitera en les disposant autant que possible en lignes entre lesquelles les sarclages seront exécutés par le scarificateur ou l'extirpateur.

CHAPITRE SIXIÈME

§ 1er.

Plantes oléagineuses.

Sur les bois nouvellement défrichés, l'agriculture semble devoir débuter par l'éducation des plantes oléagineuses qui, tout en prospérant dans les sols les plus riches, sans y verser comme le froment, donnent des produits d'une grande valeur et dont on peut réaliser le prix aussitôt après la récolte et sans embarras. D'ailleurs cette culture n'épuiserait pas le sol si l'on avait la prévoyance de lui rendre la paille et les tourteaux qui contiennent tous les éléments azotés de la récolte.

Le colza doit être mis à la tête des plantes oléa-

gineuses propres à la culture des bois défrichés;
parce qu'il redoute peu l'acide tannique, produit
beaucoup, et s'adapte bien aux procédés de la grande
culture. Il aime un terrain frais, mais craint l'humidité pendant l'hiver. Enfin, au tableau qui termine
le présent chapitre, on verra combien le colza contient d'azote tant dans sa graine que dans sa paille;
où il puise cet azote; quelle fraction de l'azote des
fumiers il absorbe; par suite, la quantité d'azote
disponible qu'il doit trouver dans les fumiers confiés
au sol, pour produire 100 kilogrammes de graine et
leur paille; quel poids de récolte il peut souvent
produire avec le plus de profit sur un hectare; et la
quantité d'azote de fumier qu'il doit trouver disponible dans le sol, pour donner cette récolte. Au même
tableau on trouvera des renseignements semblables
pour toutes les autres plantes dont nous avons encore
à entretenir nos lecteurs.

Le colza de printemps se sème en mai, il est
d'une réussite douteuse, à cause des altises qui souvent le dévorent à mesure qu'il lève.

Le colza d'automne se sème en cette saison, et
alors a moins à craindre que son congénère du prin-

temps la voracité des altises. On peut en novembre
le repiquer à la charrue, procédé fort avantageux
pour les bois défrichés avec lenteur et ne pouvant
qu'à cette époque livrer leur sol à l'agriculture.

Sur les terrains calcaires, légers, secs et où le
colza viendrait mal, on lui substituera la navette.
Elle offre une variété d'hiver qu'on sème avant le
froment, et une d'été qui, se semant au début de
cette saison, peut remplacer une récolte de printemps
qui aurait manqué.

Le pavot convient mieux que la navette pour les
terres légères; mais il exige des sarclages délicats,
manuels, et que, faute de bras disponibles, on ne
pourrait exécuter sur les terres nouvelles obtenues
par le défrichement, si elles sont étendues. Aussi
alors ne conseillons-nous pas la culture de cette
plante oléagineuse.

§ 2.

Céréales.

Parmi les céréales, le froment est l'espèce qui
donne les récoltes les plus avantageuses, et qui, à ce

titre, fixe d'abord notre attention. Il demande une terre fraîche encore quinze jours avant la moisson, calcaire, non acide, assise tout en étant ameublie, et ne produisant pas le versement par une fertilité exagérée; aussi doit-on, pour le cultiver sur un défrichement, attendre que l'acide tannique soit neutralisé, que la terre soulevée par l'arrachement des souches soit convenablement raffermie, et que, si elle présente un excès de richesse, elle l'ait perdu par une récolte épuisante. On choisira les variétés les plus estimées dans la localité, à moins que la fertilité du sol ne fasse craindre encore leur versement. Dans ce cas, on donnera la préférence au poulard pour les situations humides, et à l'aubaine pour les situations sèches, bien que ces deux variétés valent un dixième de moins que les autres.

Le seigle se cultive sur des terres dont ne s'accomode pas le froment, sur les sables qui se dessèchent avant la maturation de cette céréale et sur les glaises qu'on ne peut enrichir de calcaire. Il se sème en automne avant le froment et préfère les fumiers consommés.

Par la rapidité de sa maturation, l'orge convient

aux climats froids et, ailleurs, aux terres qui se dessèchent au début de l'été. Ses variétés printanières sont très-avantageuses pour remplacer un semis d'automne qui n'aurait pas réussi. Les fumiers consommés profitent le mieux à cette céréale.

L'avoine réussit bien sur les bois défrichés, remplis de matériaux ligneux, incomplétement nettoyés de mauvaises herbes et couverts de mottes non encore pulvérisées. Parfois donc, il pourrait, au printemps, remplacer les graines oléagineuses, pour le premier ensemencement d'un bois défriché qui, par suite de circonstances accidentelles, n'aurait pu recevoir une préparation suffisante.

Mûrissant très-rapidement, le sarrazin doit être cultivé en récolte dérobée dans la région du maïs, lorsque le sol est assez meuble et le climat assez humide. Quelquefois, il offre le moyen d'utiliser le sol d'un bois, à mesure de son défrichement, en attendant l'ensemencement pour la récolte principale. Par son feuillage épais, il défendra la terre contre les mauvaises herbes ; et, s'il n'était pas mûr pour le moment convenable, il donnerait, par l'enfouissement de ses fanes, un bon engrais vert, car il paraît tirer de l'atmosphère la moitié de son azote.

Lorsque plusieurs récoltes, par exemple de colza et de froment ont été obtenues successivement sur un défrichement, on est obligé de recourir à la jachère ou aux plantes sarclées, pour nettoyer le sol. Alors, si la chaleur du climat le permet, il sera souvent opportun de cultiver, comme plante sarclée, le maïs dont on aura un débit toujours assuré.

§ 3.

Prairies permanentes.

La culture des plantes oléagineuses et des céréales ruinerait promptement un bois défriché, si, en même temps, on n'y élevait des végétaux améliorants, pour créer de l'engrais et pourvoir aux besoins des récoltes épuisantes. Les prairies permanentes remplissent parfaitement ces fonctions réparatrices. En effet, pour entretenir leur fertilité au plus haut degré, elles se contentent de l'engrais produit par la moitié de leur foin, et ainsi elles laissent le surplus disponible, pour fumer les autres cultures.

Elles exigent un terrain frais ou humide, et n'y donnent le maximum de leurs récoltes, qu'après avoir emmagasiné dans leur gazon une grande quantité d'engrais. Aussi est-il urgent de les établir le plus tôt possible après le défrichement, avant que les récoltes épuisantes n'aient absorbé l'engrais forestier, dès que le chaulage a neutralisé l'acide tannique, et que la culture a détruit les végétaux parasites qui pouvaient occuper le sol. Au sud de la région du maïs, on sèmera les prairies, à l'automne, un peu avant la semaille du froment, de manière que l'herbe naissante ait le temps de se fortifier pour résister au froid de l'hiver. Au nord de cette région, on les sèmera au printemps, en mélange, si c'est possible, avec le sarrasin qui, par son feuillage épais, protègera, contre la sécheresse, le sol sans l'épuiser.

Le choix des plantes à faire entrer dans la composition du gazon sera approprié au degré d'humidité du sol. Ainsi, sur les terrains habituellement humides, on pourra semer ensemble la fétuque roseau, la fétuque élevée, le pâturin fertile, la glycéria remarquable, la fléole des prés, l'agrostis traçante, la luzerne tachée, la gesse des marais, la vesce des haies et le trèfle des prés. Tandis que, sur les terrains frais, les prairies pourront être formées par l'association du dactyle pelotonné, du pâturin des bois, de la fétuque fausse-ivraie, de la fétuque élevée, de la fétuque des bois, de l'agrostis commune, de la houlque laineuse, de la fléole des prés, du trèfle des prés, du trèfle rampant, de la gesse des prés, de la vesce des haies et de la vesce cracca. Pour les terrains humides en hiver et souvent secs en été, on préférera le mélange d'espèces robustes et printannières, qui souffriront moins de la sécheresse, tel que celui des fétuques rouge, glauque et duriuscule, de la bryze commune, du trèfle rampant, de la houlque molle, du sainfoin, du lotier corniculé et du brome des seigles.

La première année, on ne fauchera pas les nouvelles prairies et on n'y laissera pas entrer le bétail; mais on en extirpera soigneusement, à l'époque de leur floraison, les plantes nuisibles telles que les chardons et les grands ombellifères. Les années suivantes, il ne faudra pas négliger le sarclage, si le besoin s'en fait encore sentir.

§ 4.

Prairies temporaires.

Par leurs produits qui jamais ne font défaut, les prairies permanentes pourvoient régulièrement à la nourriture du bétail et à la fumure des terres; mais comme, pour être productives, elles exigent un sol ordinairement frais ou humide, il faut, lorsqu'on ne le possède pas, ou qu'en proportion insuffisante, avoir recours aux prairies temporaires dont le semis, au sud de la limite nord de la vigne, est malheureusement très-chanceux, et, trop souvent, trompe l'espérance du cultivateur. En composant de plantes longévives les prairies temporaires, et les faisant durer le plus longtemps possible, on obviera à cet inconvénient, mais seulement en partie, car leur existence est toujours assez bornée. Avides d'engrais, bien que prenant beaucoup d'azote dans l'atmosphère et rendant au sol, par leurs racines, leurs chaumes et leurs feuilles perdues, presque tout l'azote qu'elles lui ont pris, craignant les principes acides, et grands consommateurs d'acide sulfurique, les légumineuses, employées ordinairement pour former les prairies temporaires, doivent être semées quelques années après le défrichement, lorsque la terre est encore riche d'engrais, n'offre plus d'acidité, et possède encore de son plâtrage primitif une dose suffisante d'acide sulfurique.

Sur un sol meuble, profond, frais au moins pendant tout le printemps, à l'abri de l'humidité stagnante et du rhizoctone, on cultivera la luzerne qu'on sèmera avec de la graine bien exempte de cuscute, soit en automne et de bonne heure, au sud de la région de la vigne; soit au printemps, à la floraison de l'aubépine, dans toutes nos régions agricoles. Dans un bois défriché, où les couches inférieures de la terre sont épuisées par la végétation ligneuse, la luzerne semble devoir ne durer à son début qu'environ cinq ans.

Le trèfle rouge doit être préféré pour un sol peu profond et souvent humide. Il se sème surtout au printemps, ou sur le froment d'automne, ou sur une céréale de mars, et doit être défriché l'année suivante assez tôt, pour qu'on puisse préparer le terrain avant les semailles.

Plus sobre d'eau que la luzerne et surtout que le trèfle, le grand sainfoin est la seule ressource des terrains qui se dessèchent de bonne heure, au printemps. Sa graine, avec sa gousse, se sème ordinairement sur les céréales, en automne si le déchaussement n'est pas à craindre, au printemps dans le cas contraire. Avec la profondeur de la terre, son existence en plein rapport varie entre deux et quatre ans.

Le trèfle incarnat qui se sème en automne et se récolte au printemps suivant, les vesces et les gesses qui se sèment en automne ou à la fin de l'hiver, et, pareillement, donnent tout leur foin au printemps suivant doivent suppléer un semis manqué de luzerne, de trèfle ou de sainfoin; mais ne sauraient entrer dans un assolement régulier, à cause de l'embarras irréparable qu'entraînerait leur insuccès accidentel.

§ 5.

Plantes à racines alimentaires.

Pour obvier à l'irrégularité des prairies temporaires, il faut leur associer la culture des racines, qui sont exposées à d'autres chances que les fourrages, et ménagent, pour l'hiver, un aliment frais, très-salutaire aux bestiaux, lorsqu'il est mélangé en proportions convenables avec la nourriture sèche. En outre, cette culture a souvent l'avantage de nettoyer les terres et de mieux répartir le travail agricole sur les différentes saisons de l'année.

Peu épuisant, très-productif et se contentant de terres médiocres, légères ou fortes, le topinambour mérite que nous parlions d'abord de lui. On le plante à la charrue, à la fin de l'hiver. Chaque année, à la suite de la récolte, on labourera de nouveau les champs de topinambour, en y enfouissant les fanes et le fumier. Cette plante produit beaucoup de tubercules nains qu'on ne peut récolter, et qui, restant en terre, servent de semence pour les récoltes suivantes. Aussi, doit-elle occuper une sole permanente, à long terme, et n'y être remplacée que par des fourrages dont les coupes réitérées arrêteront sa perpétuité.

Sur les terrains humides, on cultive le rutabaga, végétal engraissant et lactifère. On le plante au printemps, après l'avoir élevé en pépinière.

Lorsque le sol est frais, et que le climat n'est pas rigoureux en hiver, il est avantageux de cultiver le navet, racine également engraissante et lactifère. On le sème après les chaleurs de l'été. En hiver, on conduit le bétail manger les navets sur place.

Moins exposée aux ravages des insectes que le rutabaga et le navet, et se conservant plus facilement et plus longtemps en magasin que les autres racines, la betterave doit entrer dans un bon assortiment de nourriture fraîche pour le bétail. Elle aime une terre profonde, assez fraîche, et demande à être élevée sur couche dès le mois de janvier, puis à être repiquée dès que les gelées ne sont plus à craindre.

Enfin la pomme de terre vient clore la liste des racines dont nous conseillons la culture. Sujette à des maladies nombreuses, et d'ailleurs épuisant le sol, elle ne doit venir que très-accessoirement compléter la nourriture du bétail. Mais, comme elle peut entrer pour une assez forte proportion dans le régime alimentaire de l'homme, on ne doit pas négliger sa culture. Ce tubercule aime un terrain meuble, frais, à l'abri de l'humidité stagnante, mais n'exige pas qu'il soit profond.

§ 6.

Légumes.

Lorsque le sol est tenace et souvent humide, la culture de la fève comme plante sarclée est une bonne préparation à l'éducation du froment. Ce légume doit recevoir l'engrais destiné à la récolte suivante, parce qu'il profitera de cet engrais sans l'épuiser; être semé avant ou après l'hiver, suivant que cette saison est habituellement douce ou rigoureuse; être disposé en lignes, pour qu'on puisse le biner avec la houe à cheval; être écimé lors de la formation des gousses inférieures, afin d'empêcher le développement de nouvelles fleurs qui n'auraient pas le temps de mûrir; et enfin être fauché, lorsque le plus grand nombre des gousses ont atteint leur maturité. Il donne des aliments très-nutritifs, et qui entrent avec profit dans le régime de l'homme et surtout des animaux, comme complément d'une nourriture peu riche telle que les racines, la paille ou de mauvais fourrages.

Excellents pour l'alimentation de l'homme et empruntant leur azote à l'atmosphère, le pois et la lentille sont avantageux à cultiver pour sa propre consommation, sur les terrains légers et un peu secs, à la fin d'un assolement lorsque l'engrais est assez épuisé pour ne pouvoir développer la paille au détriment du grain, et assez longtemps après le défrichement, pour que le plâtre employé à fixer l'engrais forestier ait disparu et ne puisse s'incruster dans la peau des légumes, ce qui gênerait leur cuisson.

PLANTES À L'ÉTAT normal.		QUANTITÉ D'AZOTE contenue dans 100 kilog. de récolte et leurs accessoires.		QUANTITÉ de cet azote prise dans l'atmosphère.	QUANTITÉ de cet azote prise dans le sol.	FRACTION de l'azote des fumiers absorbée par les plantes.	QUANTITÉ D'AZOTE de fumier que, par suite, le sol doit contenir disponible pour donner 100 kilog. de récolte et leurs accessoires.	POIDS DES RÉCOLTES qu'on doit souvent chercher à atteindre sur un hectare.	QUANTITÉ d'azote de fumier que le sol doit contenir disponible pour donner ces récoltes.	OBSERVATIONS.
		kil.	kil.		kil.		kil.	kil.	kil.	
Colza	100 k. graines	3,31	4,15		4,15	0,40	10,32	2,800	289	
	165 k. paille	0,82						4,620		
Navette	100 graines	3,31	4,15		4,15	0,40	10,32	2,800	289	
	165 paille	0,82						4,620		
Pavot	100 graines	3,05	4,51		4,51	0,27	15,96	1,700	271	
	256 tiges	1,26						4,532		
Froment	100 grains	2,10	2,70		2,70	0,28	9,64	2,400	231	
	227 paille	0,60						5,448		
Seigle	100 grains	1,45	2,09		2,09	0,53	3,97	2,500	137	
	243 paille	0,64						5,589		
Orge de printemps	100 grains	1,78	2,28		2,28	0,35	6,51	2,500	165	
	200 paille	0,50						5,000		
Orge d'hiver	100 grains	1,78	2,28		2,28	0,56	4,07	2,500	102	
	200 paille	0,50						5,000		
Avoine	100 grains	1,77	2,40		2,40	0,55	4,35	2,800	126	
	162 paille	0,65						4,356		
Sarrasin	100 grains	2,10	2,45	1,22	1,23	0,20	6,13	2,400	148	
	72 fanes	0,55						1,728		
Maïs	100 grains	1,64	2,17		2,17	0,38	5,71	5,000	285	
	280 tiges, spathes et rafles	0,53						14,000		
Prairies permanentes mélangées	100 foin		1,15					7,000		
Luzerne durant 5 ans	100 foin		1,97	1,67	0,30		1,50	40,000	520	
Trèfle rouge	100 foin		1,54	1,54			1,50	9,000	117	Le sainfoin est si améliorant, qu'après sa récolte, la fertilité du sol est augmentée de 1 k. 90 d'azote, par 100 k. de foin récolté.
Sainfoin durant 5 ans	100 foin		1,55	1,55			0,80	15,000	120	
Trèfle incarnat	100 foin		1,15	1,15			1,50	5,000	65	
Vesce	100 foin		1,14	0,84	0,30		1 .	8,000	80	
Topinambour	100 tubercules	0,33	0,70	0,25	0,47		0,70	50,000	210	Chaque année, si l'on enfouit les fanes, il suffira de donner en fumier 0 k. 10 d'azote, par 100 k. de tubercules à obtenir.
	96 fanes	0,37						28,800		
Rutabaga	100 racines	0,17	0,56		0,56	0,67	0,54	70,000	578	
	68 feuilles	0,19						47,600		
Navet	100 racines	0,13	0,24	0,12	0,12	0,50	0,24	50,000	120	
	40 feuilles	0,11						20,000		
Betterave	100 racines	0,21	0,66		0,06	0,55	2 .	25,000	500	
	100 feuilles	0,45						25,000		
Pomme de terre	100 tubercules	0,56	0,49		0,49	0,46	1,07	29,000	310	
	25 fanes	0,15						6,670		
Fève	100 graines	5,02	7,05	7,05			6 .	5,850	251	
	100 paille	2,05						5,850		
Pois	100 grains	3,82	11,20	11,20			4 .	1,500	52	
	350 paille	7,38						4,530		
Lentille	100 graines	4,00	5,41	5,41			4 .	1,500	52	
	140 paille	1,41						1,820		

PLANTES À L'ÉTAT normal.		OBSERVATIONS.
Colza............	{ 100 k. graines .... { 165 k. paille............	
Navette.........	{ 100 graines .... { 165 paille............	
Pavot	{ 100 graines .... { 256 tiges	
Froment	{ 100 grains .... { 227 paille............	
Seigle.	{ 100 grains .... { 243 paille.............	
Orge de printemps..	{ 100 grains .... { 200 paille.............	
Orge d'hiver......	{ 100 grains .... { 200 paille.............	
Avoine	{ 100 grains .... { 162 paille............	
Sarrasin	{ 100 grains .... { 72 fanes	
Maïs	{ 100 grains .... { 280 tiges, spathes et ra- { fles	
Prairies permanentes mélangées	100 foin ..., ...	
Luzerne durant 5 ans.	100 foin	
Trèfle rouge	100 foin	
Sainfoin durant 5 ans.	100 foin	...oin est si améliorant, qu'après ...la fertilité du sol est augmen- ...t. 20 d'azote, par 100 k. de ...é.
Trèfle incarnat	100 foin	
Vesce.	100 foin	
Topinambour	{ 100 tubercules.. ...... { 96 fanes.............	...nnée, si l'on enfouit les fanes, ...de donner en fumier 0 k. 10 ...ar 100 k. de tubercules à ob-
Rutabaga	{ 100 racines .... { 68 feuilles...........	
Navet...........	{ 100 racines.......... { 40 feuilles...........	
Betterave	{ 100 racines.......... { 100 feuilles	
Pomme de terre....	{ 100 tubercules .... { 25 fanes	
Fève............	{ 100 graines .... { 100 paille............	
Pois............	{ 100 grains ....``..... { 550 paille............	
Lentille.........	{ 100 graines .... { 140 paille............	

§ 7.

Quantité de fumier nécessaire à chaque plante.

Nous terminons ce chapitre, en indiquant pour les plantes dont nous venons de parler, leurs exigences à l'égard du fumier représenté par sa teneur en azote. Les chiffres que nous donnons à ce sujet ne sont que des moyennes souvent inexactes, et, pour l'application, ils demandent à être vérifiés et rectifiés. Ils n'en seront pas moins utiles fréquemment. Ils sont consignés au tableau ci-contre.

CHAPITRE SEPTIÈME

A la suite d'un défrichement, il faut éviter de ruiner le terrain; aussi devra-t-on, peu après et souvent dès la deuxième année, le soumettre à un assolement qui produise le fumier nécessaire pour soutenir sa fécondité, par la culture de végétaux prenant l'azote dans l'atmosphère et pouvant être une bonne nourriture pour le bétail. Alors la proportion des plantes cultivées annuellement pour la fabrication des engrais animaux sera ordinairement telle que le poids d'azote qu'elles contiendront, d'un côté, diminué des pertes à éprouver : 1° en passant aux déjections animales; 2° par l'absence des animaux à leur sortie de l'étable; 3° par l'évaporation sur l'aire à fumier; 4° par la saturation des argiles, l'évaporation et l'infiltration, lorsque l'engrais sera confié aux champs; et, d'un autre côté, augmenté : 1° de l'azote des litières ; 2° des 9 kilogrammes d'azote versés sur chaque hectare par les pluies, égalera le poids de l'azote que les récoltes doivent prendre au sol.

La quantité d'azote à perdre par les aliments lorsqu'ils se transforment en déjections varie en moins ou en plus, avec la nature des aliments, suivant qu'ils sont ligneux ou non, secs ou frais, et surtout avec l'espèce des animaux qui les consomment. A ce dernier égard, on trouvera des indications approximatives dans le tableau suivant.

Nourriture et déjections de 100 kilogrammes de bétail pendant un an.

DÉSIGNATION DES BESTIAUX.	AZOTE de leur nourriture.	FRACTION de cet azote contenue dans les déjections.	AZOTE des déjections.
	kilog.		kilog.
Cheval travaillant 250 jours par an....................	14,6	0,81	11,8
Bœuf travaillant 250 jours par an....................	12,7	0,83	10,5
Vache....................	11,9	0,59	7 »
Veau.....................	15,2	0,78	10,3
Porc	15,6	0,70	10,9
Bête à laine	15,7	0,88	12,1

Pour compléter les renseignements du tableau ci-dessus, nous ajouterons qu'en moyenne un cheval pèse 400 kilogrammes; un bœuf, 413; une vache, 240; un porc, 91; un mouton, 28; une brebis, 20; et un agneau, 10.

Quant les animaux sortent de l'étable, ils perdent de leurs déjections une quantité à peu près proportionnelle à leur temps d'absence; mais il ne faut porter en déficit qu'une fraction, par exemple, la moitié de cette quantité, car une bonne partie est répandue sur les terres, qui en profitent. Les bêtes de travail sont hors de l'étable souvent les 0,28 de l'année.

Sur l'aire à fumier, l'engrais négligé peut perdre près de la moitié de son azote. Mais si, par le plâtrage et l'arrosement, on fixe cet élément volatil, on peut presque en anéantir les pertes.

Une fois confié au sol, le fumier y perd de sa richesse une quantité variable avec les terrains et qui souvent monte au quart de son azote.

Quant à la litière, rien n'est plus variable que sa quantité. Néanmoins, assez fréquemment, pour 100 kilogrammes de bétail, on donne annuellement 300 kilogrammes de litière contenant $0^{kil.}71$ d'azote.

Mais il ne suffit pas qu'un assolement soit calculé de manière à produire les engrais dont il a besoin, il doit encore assez éloigner le retour des végétaux à racines pivotantes, pour que la filtration ait le temps de réparer les pertes subies par les couches inférieures du sol; laisser, entre chaque récolte et la semaille suivante, le temps nécessaire pour ameublir et nettoyer la terre; combiner la succession des cultures, de manière à combattre efficacement la végétation des herbes parasites, et à ménager à chaque plante l'ameublissement, la fumure et le régime alimentaire les plus favorables; répartir aussi également que possible les travaux sur les différentes saisons de l'année; faire, autant qu'on le peut, exécuter les travaux par les animaux ou la vapeur; faire consommer par le bétail les récoltes dont le prix vénal est inférieur au prix de consommation; n'exiger d'avances que celles qu'on peut débourser, et enfin donner le plus grand revenu net eu égard au capital disponible.

CHAPITRE HUITIÈME

Les terres provenant d'un bois défriché portent des récoltes abondantes à leur début, sans exiger d'engrais; mais sont vites ruinées, si leurs pertes ne sont promptement réparées par des fumures suffisantes. Aussi, alors serait-il avantageux au propriétaire de cultiver, par lui-même, ces terres, s'il en avait la possibilité et la capacité; car seul il peut les traiter avec la sollicitude qu'elles réclament; et si, poussé par la cupidité, il prolongeait trop les cultures épuisantes, il aurait au moins réalisé pour son compte la valeur de son engrais forestier.

Mais peu de propriétaires, non cultivateurs de profession, sont en état d'exploiter par eux-mêmes; trop souvent donc, ils sont forcés de confier leurs terres

à un métayer ou à un fermier. Dans ce cas, le mé-
tayage sera le mode d'exploitation préférable, si,
assez instruit en agriculture, et demeurant à proximité, le propriétaire peut diriger et surveiller convenablement son colon partiaire; si, dans ce dernier, il
trouve un associé honnête et laborieux avec lequel il
s'entende pour les améliorations à introduire sur ses
terres, et surtout pour lui faire entretenir les bestiaux nécessaires; si enfin il sait l'intéresser au succès de toutes les parties de l'entreprise agricole, en
lui assurant dans les profits une part suffisamment
rémunératrice.

Malheureusement un métayer est rarement probe et
actif, et trop peu de propriétaires peuvent exercer à
son égard la vigilance et la direction convenables.
Dans une telle situation, le fermage sera préférable,
pourvu que la richesse des cultivateurs et la régularité des récoltes permettent ce mode d'exploitation.
Alors, il est avantageux que l'importance des fermes
soit en rapport avec les capitaux dont généralement
disposent les fermiers de la localité. Mais, ce qui est
indispensable, c'est de faire un bail qui empêche le
fermier de dérober à la terre sa fertilité. Pour cela

le meilleur moyen sera de calculer la quantité de kilogrammes de bétail nécessaire à la fabrication des engrais demandés par l'assolement qui paraît devoir être adopté, et d'imposer au fermier, pour fumer le domaine qui lui est confié, l'entretien de ce bétail, sous peine de payer une assez forte indemnité par tête de bétail qui manquerait lors des vérifications. Quelques soins qu'on donne à la confection d'un bail, le fermage ne peut dispenser le propriétaire de visiter au moins quelquefois, lui-même, son domaine, d'abord pour surveiller l'exécution du contrat de location, et ensuite pour apprécier les besoins de ses terres, les améliorations qu'elles réclament. A ce dernier égard, il ne devra pas hésiter à faire les dépenses pour lesquelles le fermier lui offrira un intérêt amortissant ce déboursé, dans un délai en rapport avec la durée de l'amélioration à obtenir.

QUATRIÈME PARTIE

Motifs d'utilité publique pour lesquels l'administration doit s'opposer au défrichement des bois des particuliers

CHAPITRE PREMIER

DISPOSITIONS LÉGISLATIVES ET RÉGLEMENTAIRES

§ 1er.

Loi du 18 juin 1859.

Titre XV du Code forestier.

Art. 219. Aucun particulier ne peut user du droit d'arracher ou défricher ses bois qu'après en avoir fait la déclaration à la sous-préfecture, au moins quatre mois d'avance, durant lesquels l'administration peut faire signifier au propriétaire son opposition au défrichement. Cette déclaration contient élection de domicile dans le canton de la situation des bois.

Avant la signification de l'opposition, et huit jours au moins après avertissement donné à la partie intéressée, l'inspecteur ou le sous-inspecteur, ou un des gardes généraux de la circonscription, procède à la reconnaissance de l'état et de la situation des bois et en dresse un procès-verbal détaillé, lequel est notifié à la partie, avec invitation de présenter ses observations.

Le préfet, en conseil de préfecture, donne son avis sur cette opposition.

L'avis est notifié à l'agent forestier du département, ainsi qu'au propriétaire des bois et transmis au Ministre des finances, qui prononce administrativement, la section des finances du conseil d'État préalablement entendue.

Si, dans les six mois qui suivront la signification de l'opposition, la décision du Ministre n'est pas rendue et signifiée au propriétaire des bois, le défrichement peut être effectué.

Art. 220. L'opposition au défrichement ne peut

être formée que pour les bois dont la conservation est reconnue nécessaire :

1° Au maintien des terres sur les montagnes ou sur les pentes ;

2° A la défense du sol contre les érosions et les envahissements des fleuves, rivières ou torrents ;

3° A l'existence des sources et cours d'eau ;

4° A la protection des dunes et des côtes contre les érosions de la mer et l'envahissement des sables ;

5° A la défense du territoire, dans la partie de la zone frontière qui sera déterminée par un règlement d'administration publique ;

6° A la salubrité publique.

Art. 221. En cas de contravention à l'article 219, le propriétaire est condamné à une amende calculée à raison de cinq cents francs au moins et de quinze cents francs au plus par hectare de bois défriché. Il doit en outre, s'il en est ainsi ordonné par le ministre des finances, rétablir les lieux défrichés en nature de bois, dans un délai qui ne peut excéder trois années.

Art. 222. Faute par le propriétaire d'effectuer la plantation ou le semis dans le délai prescrit par la décision ministérielle, il y est pourvu à ses frais par l'administration forestière, sur l'autorisation préalable du préfet, qui arrête le mémoire des travaux faits et le rend exécutoire contre le propriétaire.

Art. 223. Les dispositions des quatre articles qui précèdent sont applicables aux semis et plantations exécutés, par suite de la décision ministérielle, en remplacement des bois défrichés.

Art. 224. Sont exceptés des dispositions de l'article 219 :

1º Les jeunes bois pendant les vingt premières années après leur semis ou plantation, sauf le cas prévu par l'article précédent ;

2º Les parcs ou jardins clos ou attenant aux habitations ;

3º Les bois non clos, d'une étendue au-dessous de dix hectares, lorsqu'ils ne font pas partie d'un autre bois qui compléterait une contenance de dix hectares, ou qu'ils ne sont pas situés sur le sommet ou la pente d'une montagne.

Art. 225. Les actions ayant pour objet les défrichements commis en contravention à l'article 219 se prescrivent par deux ans à dater de l'époque où le défrichement aura été consommé.

§ 2.

Décret du 22 novembre 1859.

Art. 192. Les déclarations prescrites par l'article 219 du Code forestier indiqueront la dénomination, la situation et l'étendue des bois que les particuliers se proposeront de défricher; elles contiendront, en outre, élection de domicile dans le canton de la situation de ces bois; elles seront faites en double minute et remises à la sous-préfecture, où il en sera tenu registre.

Elles seront visées par le sous-préfet, qui rendra l'une des minutes au déclarant et transmettra l'autre immédiatement à l'agent forestier supérieur de l'arrondissement.

Art. 193. Avant de procéder à la reconnaissance de l'état et de la situation des bois, et huit jours au moins à l'avance, l'un des agents désignés en l'article

219 du Code forestier adressera à la partie intéressée, au domicile élu par elle, un avertissement
indiquant le jour où il sera procédé à ladite reconnaissance, et contenant invitation d'assister à l'opération ou de s'y faire représenter.

Art. 194. Le procès-verbal dressé par l'agent forestier contiendra toutes les constatations et renseignements de nature à faire apprécier s'il y a lieu de
s'opposer au défrichement par l'un des motifs énu-
mérés dans l'article 220 du Code forestier; en outre, s'il s'agit d'un bois compris dans la partie de
la zone frontière où le défrichement ne peut avoir
lieu sans autorisation, ce fait sera simplement énoncé
au procès-verbal.

Art. 195. Le procès-verbal sera transmis, avec les
pièces, au conservateur, qui, avant de former opposition, en fera notifier copie à la partie intéressée,
avec invitation de présenter ses observations.

Art. 196. Si le conservateur estime que le bois
ne doit pas être défriché, il fera signifier au propriétaire une opposition au défrichement, et il en réfèrera immédiatement au préfet, en lui transmettant
les pièces avec ses observations.

Dans le cas contraire, le conservateur en réfèrera, sans délai, au directeur général des forêts qui en rendra compte à notre Ministre des finances.

Art. 197. Dans le délai d'un mois, le préfet, en conseil de préfecture, donnera son avis motivé sur l'opposition.

Dans les huit jours qui suivront cet avis, le préfet le fera notifier au propriétaire des bois, ainsi qu'au conservateur, et, à défaut de conservateur dans le département, à l'agent forestier supérieur dans la circonscription duquel les bois se trouvent situés.

Dans le même délai, le préfet transmettra son avis, avec les pièces à l'appui, à notre Ministre des finances, qui prononcera, la section des finances du Conseil d'État préalablement entendue.

La décision ministérielle sera signifiée au propriétaire dans les six mois à dater du jour de la signification de l'opposition.

Art. 198. Lorsque les maires et adjoints auront dressé des procès-verbaux pour constater des défrichements effectués en contravention au titre XV du Code forestier, ils seront tenus, indépendamment de la remise qu'ils doivent en faire à nos procureurs, d'en adresser une copie certifiée à l'agent forestier local.

Art. 199. Le conservateur rendra compte au directeur général des forêts des condamnations prononcées dans le cas prévu par le § 1er de l'article 221 du Code forestier, et donnera son avis sur la nécessité de rétablir les lieux en nature de bois.

La décision ministérielle qui ordonnera le reboisement sera signifiée à la partie intéressée par la voie administrative.

§ 3.

Décret du 31 juillet 1861.

Art. 2. Les parties de la zone frontière dans lesquelles il peut être formé opposition au défrichement des bois de particuliers dont la conservation est reconnue nécessaire à la défense du territoire, se composent de polygones réservés dont les limites sont fixées par l'état descriptif annexé au présent décret.

Ne sont pas compris dans les polygones réservés, quant aux défrichements

Le littoral de l'océan, depuis Bayonne jusqu'à Dunkerque;

Le littoral de la Méditerranée, depuis Menton jusqu'à Port-Vendres;

La Corse et les autres îles du territoire de la France;

La frontière du Sud-Est, entre le département de l'Ain et la Méditerranée, y compris les territoires de la Savoie et de Nice nouvellement annexés;

La frontière des Pyrénées, partie comprise entre Mauléon et la Méditerranée.

Dans tous les cas, les terrains compris dans les zones de servitudes des places de guerre et des postes militaires situés dans la zone frontière font partie des polygones réservés.

Art. 3. Les défrichements des bois des particuliers situés dans les polygones réservés sont de la compétence de la commission mixte des travaux publics, et donnent ainsi lieu à un supplément d'instruction conforme au règlement du 7 mai 1855.

ÉTAT DESCRIPTIF,

Par départements, des limites proposées pour les territoires à réserver dans l'intérieur de la zone frontière, en ce qui concerne les défrichements de bois.

Nota. Les zones de servitude autour des places de guerre et des postes militaires constituent partout des territoires réservés pour les défrichements, bien qu'elles ne soient pas mentionnées spécialement dans le présent état.

DÉPARTE-MENTS.	DÉSIGNATION DES LIMITES DES TERRITOIRES RÉSERVÉS.	LIEUX PRINCIPAUX par lesquels PASSENT CES LIMITES.
Somme.	Néant (1).	
Pas-de-Calais.	Néant (1).	
Nord.	**1er TERRITOIRE RÉSERVÉ.**	
	La Scarpe, de son confluent avec l'Escaut jusqu'à Wandignies.	Mortagne, Saint-Amand, Wandignies.
	Le chemin de Wandignies à Erre entre la Scarpe et le chemin de fer de Douai à Valenciennes.	Wandignies.
	Le chemin de fer de Douai à Valenciennes entre Erre et l'extrémité est de la station de Wallers.	
	Une ligne de chemins vicinaux jusqu'au chemin de fer des mines d'Anzin.	Wallers, Bellaing, Hérin.
	Le chemin de fer des mines d'Anzin jusqu'à sa rencontre avec la route de Lille à Valenciennes.	Anzin.
	La route de Lille à Valenciennes entre Anzin et Valenciennes.	Anzin, Valenciennes.
	L'Escaut, de Valenciennes au confluent de la Scarpe.	Valenciennes, Fresnes, Condé, Hergnies, Mortagne.
	2e TERRITOIRE RÉSERVÉ.	
	La route de Bavay au Cateau	Bavay, Engle-Fontaine.
	La route impériale n° 45 (de Marle à Valenciennes et à Tournay).	Engle-Fontaine, Landrecies.
	La Sambre......................	Landrecies, Berlaimont, Pont-sur-Sambre.
	Le chemin de Pont-sur-Sambre à la Longueville................................	Pont-sur-Sambre, Hergnies, la Longueville.
	La route impériale n° 49 (de Pont-sur-Sambre à la Longueville).	La Longueville, Bavay.

(1) Voir toutefois le Nota mis en tête du présent état.

DÉPARTE-MENTS.	DÉSIGNATION DES LIMITES DES TERRITOIRES RÉSERVÉS.	LIEUX PRINCIPAUX par lesquels PASSENT CES LIMITES.
Nord.... (Suite).	**3e TERRITOIRE RÉSERVÉ.** La route impériale n° 2 (de Paris et Laon à Maubeuge). La limite avec le département de l'Aisne jusqu'à la frontière. La frontière jusqu'à la grande Helpe. La grande Helpe jusqu'à Avesnes.	Avesnes, Étrœungt, Larouillies. Eppe, Sauvage, Liessies, Avesnes.
Aisne....	Le chemin de la Flamengrie à Fontenelle. . Le chemin de Fontenelle au Nouvion jusqu'à Marlemperche. La route impériale n° 39 (de Montreuil-sur-Mer à Mézières, par Arras) de Marlemperche au Nouvion. Le chemin de Nouvion à Chigny. . . . . L'Oise, de Chigny à Hirson. . . . . La route impériale n° 39, entre Hirson et la limite avec le département des Ardennes. La limite avec le département des Ardennes, jusqu'à la frontière. La frontière jusqu'à la limite du département du Nord. La limite avec le département du Nord jusqu'à la route impériale n° 2. La route impériale n° 2	La Flamengrie, Papeleux, Fontenelle. Fontenelle, Marlemperche. Marlemperche, le Nouvion Le Nouvion, le Grand-Wé, Leschelles, Chigny. Chigny, Erloy, Étréaupont, Hirson. Larouillies. Larouillies, la Flamengrie.
Ardennes.	**1er TERRITOIRE RÉSERVÉ.** La limite avec le département de l'Aisne, à partir de la frontière. La route impériale n° 39 (de Montreuil-sur-Mer à Mézières, par Arras). Le chemin vicinal de Charleville . . . . La Meuse jusqu'au moulin Godart. Le chemin vicinal n° 19 jusqu'à Aiglemont. Le chemin d'Aiglemont à Cons-la-Granville. Le chemin vicinal n° 14 jusqu'à le Mazy . . Le ruisseau la Vrigne jusqu'à Vrigne-aux-bois . . . . Le chemin de Vrigne-aux-Bois jusqu'au moulin de Charmoy, près Saint-Menges. La Meuse, du moulin de Charmoy à Sedan. La route impériale n° 64 (de Neufchâteau à Mézières). La route départementale n° 2, jusqu'au ruisseau d'Escombres. Le ruisseau d'Escombres jusqu'au village d'Escombres. Le chemin d'Escombres à l'angle rentrant ouest de la frontière . . . . La frontière jusqu'à la limite avec le département de l'Aisne.	 Auge, Maubert-Fontaine, Rimogne, Lonny. Charleville. Moulin Godart, Aiglemont. Aiglemont, Cons-la-Granv. Cons-la-Granville, Gernelle, le Mazy. Le Mazy, Vrigne-aux-Bois. Vrigne-aux-Bois, moulin de Charmoy. Moulin de Charmoy, Sedan. Sedan, Bazeilles, Douzy. Douzy, Pouru-Saint-Remy Escombres.

DÉPARTE-MENTS.	DÉSIGNATION DES LIMITES DES TERRITOIRES RÉSERVÉS.	LIEUX PRINCIPAUX par lesquels PASSENT CES LIMITES.
	2ᵉ TERRITOIRE RÉSERVÉ.	
	A partir de Frénois, près Donchery, la route impériale n° 64 (de Neufchâteau à Mézières).	Donchery, Dom-le-Mesnil.
	La route départementale n° 7	Flize, La Halbotine.
	La route impériale n° 51 (de Givet à Orléans)	Boulzicourt, Yvernaumont
	Les routes départementales nᵒˢ 9 et 1 (de Mézières au Chène).	Poix, Bouvellemont, Chagny,Louvergny,leChèn.
	Le canal des Ardennes jusqu'à la rivière d'Aisne	Le Chène, Montgon, Neuville-à-Day, Semuy.
	L'Aisne jusqu'à la limite avec le département de la Marne.	Semuy, Vrizy, Vouziers, Brecy, Mouron, Autry.
	La limite avec le département de la Marne.	
Ardennes.. (Suite).	La limite avec le département de la Meuse jusqu'à l'Aire.	
	L'Aire jusqu'à son confluent avec l'Agron .	Apremont.
	L'Agron jusqu'au moulin de Thénorgues. .	Champigneulle, Verpel.
	Le chemin vicinal du moulin de Thénorgues à Busancy.	Thénorgues, Busancy.
	La route impériale n° 47 (de Vouziers à Longuyon) jusqu'à la limite avec le département de la Meuse.	Busancy, Nouart.
	La limite avec le département de la Meuse jusqu'à la route départementale n° 4, de Beaumont à Stenay.	
	Route départementale n° 4 jusqu'à Stonne.	Beaumont, Stonne.
	Le chemin vicinal de Stonne à la Neuville (au nord du bois de Mont-Dieu).	Stonne, le Vivier.
	La route impériale n° 77 (de Nevers à Sedan et Bouillon) jusqu'à la route impériale n° 64.	Chémery, Chéhéry, Frénois.
	La limite avec le département des Ardennes	
	Le chemin de grande communication n° 2, de Ste-Menehould à Vouziers.	Binarville, Vienne-le-Château, Moiremont,Sainte-Menehould.
Marne....	L'Aisne jusqu'à Villers-en-Argone	Chatrice, Villers.
	Le chemin vicinal de Villers à Givry......	Bournouville, Givry.
	La route départementale n° 10	Givry, Saint-Mard-sur-le-Mont.
	La route départementale n° 5 (de Reims à Bar-le-Duc).	
	La limite avec le département de la Meuse.	
	1ᵉʳ TERRITOIRE RÉSERVÉ.	
	La limite avec le département des Ardennes depuis l'Aire jusqu'à la limite du département de la Marne.	
	La limite avec le département de la Marne jusqu'à la route départementale n° 5.	
Meuse. ...	Le chemin vicinal n° 55 jusqu'à l'Isle-en-Barrois	Sommeille, la Heycourt, l'Isle-en-Barrois.
	Le chemin vicinal n° 2 jusqu'à Triaucourt .	L'Isle-en-Barrois, Vaubecourt, Triaucourt.
	Le chemin vicinal n° 20 jusqu'à Fleury ...	Triaucourt, Waly, Fleury.
	L'Aire jusqu'à la limite avec le département des Ardennes.	Fleury, Auxeville, Varennes.

DÉPARTE-MENTS.	DÉSIGNATION DES LIMITES DES TERRITOIRES RÉSERVÉS.	LIEUX PRINCIPAUX par lesquels PASSENT CES LIMITES.
	1er TERRITOIRE RÉSERVÉ.	
	La limite avec le département des Ardennes à partir de la Meuse.	
	La route impériale n° 47 (de Vouziers à Longuyon) jusqu'à la Meuse.	Beauclair, la Neuville-sur-Meuse, Stenay.
	La Meuse, depuis Stenay jusqu'à la limite avec le département des Ardennes.	Stenay, Pouilly.
	5e TERRITOIRE RÉSERVÉ.	
	La Meuse, depuis Stenay jusqu'à Verdun..	Dun, Charny, Verdun.
	La route impériale n° 3 (de Paris à Metz et Mayence) jusqu'à Haudiomont.	Haudiomont.
Meuse.... (Suite).	Le chemin de Haudiomont à Warcq par Ville-en-Woëvre.	Ville-en-Woëvre, Braquis Warcq.
	L'Orne jusqu'à Etain..................	Etain.
	La route impériale n° 18 (de Paris à Longwy et Luxembourg) jusqu'au chemin n° 16 (près Spincourt).	
	Le chemin vicinal de grande communication n° 16 (de Boémont au département de la Moselle) jusqu'à la route départementale n° 5.	Vaudoncourt, Billy-sous-Mangiennes, Mangiennes, Vittarville.
	La route départementale n° 9 (de Metz à Landrecies).	Jametz, Louppy, Baalon.
	La route impériale n° 47 (de Vouziers à Longuyon) jusqu'à la Meuse.	Baalon, Stenay.
	La limite avec le département de la Meurthe à partir du rupt de Mad ou de Math.	
	La limite avec le département du Bas-Rhin jusqu'à la frontière.	
	La frontière jusqu'à la Nied.	
	La Nied jusqu'à Roupeldange.	
	Le chemin d'intérêt commun n° 7	Roupeldange, Boulay.
	Le chemin de grande communication n° 2 .	Boulay, Bionville.
	La route impériale n° 3....	Bionville, Raville.
	Le chemin vicinal de grande communication n° 1......................	Raville, Frécourt.
	Le chemin vicinal d'intérêt commun n° 13 jusqu'à la route départementale n° 9 ...	Berlize, Bazoncourt.
Moselle...	La route départementale n° 9 (de Metz à Baronville).	Lemud, Sorbey, Courcelles-sur-Nied.
	La route impériale n° 55 (de Metz à Strasbourg par Château-Salins et Sarrebourg)	Grigy, Plantières, Metz.
	La Moselle jusqu'au ruisseau qui débouche en face de Malling.	Metz, Thionville, Malling.
	Le ruisseau précité, jusqu'à la frontière.	Cavisse, Fixem, Basse-Parte, Haute-Parte, Roussy-le-Village, Zoufftgen.
	La frontière jusqu'au ruisseau dit *Mühlenbach*, affluent de l'Alzette.	
	Ce ruisseau jusqu'à Wolmerange.	

DÉPARTE-MENTS.	DÉSIGNATION DES LIMITES DES TERRITOIRES RÉSERVÉS.	LIEUX PRINCIPAUX par lesquels PASSENT CES LIMITES.
Moselle... (Suite).	Les chemins allant à Fontoy............	Wolmerange, Escherange, Angevillers, Fontoy.
	Les chemins allant de Fontoy à Tucquegnieux	Fontoy, Lommerange, Trieux, Tucquegnieux.
	Le ruisseau de Mance jusqu'à Mance.....	Mance.
	Le Woigot jusqu'à l'Orne.............	Briey.
	L'Orne jusqu'à Auboué................	Auboué.
	La route départementale n° 5 (de Metz à Briey et Longuyon).	Auboué, Sainte-Marie-aux-Chènes.
	Le chemin de Sainte-Marie-aux-Chènes à Vernéville par Amanvilliers.	Sainte-Marie-aux-Chènes, Amanvilliers. Vernéville
	Le chemin n° 58 d'Amanvilliers à Gravelotte jusqu'à Malmaison.	Amanvilliers, Malmaison.
	La route départementale n° 4 (de Metz à Sedan par Montmédy) jusqu'à la route impériale n° 3.	Gravelotte.
	La route impériale n° 3 (de Paris à Metz et à Mayence), jusqu'à Vionville.	Rezonville.
	Le chemin n° 14 de Vionville à Sponville jusqu'à sa rencontre avec le chemin n° 6 de Mars-la-Tour à Waville.	Vionville, Tronville.
	Ce dernier chemin jusqu'à Waville sur le rupt de Math.	Buxières.
	Le rupt jusqu'à la limite avec le département de la Meurthe.	
Meurthe...	Le rupt de Math, à partir de la limite avec le département de la Moselle jusqu'à Thiaucourt.	Rembercourt-sur-Math, Jaulny, Thiaucourt.
	La route départementale n° 15 (de Nancy à Thiaucourt) jusqu'à la route impériale n° 58.	Thiaucourt, Régniéville.
	La route impériale n° 58 (de Metz à Saint-Dizier) jusqu'à Pont-à-Mousson.	Montauville, Pont-à-Mousson.
	La Moselle jusqu'à Custine...........	Pont-à-Mousson, Autreville, Custine.
	Des chemins vicinaux................	Custine, Montenoy, Leyr, Armaucourt, Lanfroicourt, Brin.
	La Seille...........................	Brin, Chambrey, Vic, Moyenvic.
	La route impériale n° 55 (de Metz à Strasbourg par Château-Salins).	Moyenvic, Lezey, Bourdonnay, Maizières.
	La route départementale n° 15 (de Bourdonnay à Rambervillers).	Maizières, Moussey, Repaix.
	La route impériale n° 4 (de Paris à Strasbourg et en Allemagne).	Blàmont.
	La Vezouze, de Blàmont à Cirey-les-Forges	Blàmont, Haute-Seille, Cirey-les-Forges.
	Le chemin vicinal n° 16 jusqu'à Pexonne..	Cirey, Petit-Mont, Bréménil, Badonviller, Pexonne.
	Le chemin vicinal n° 15 jusqu'à la limite avec le département des Vosges.	Pexonne, Neufmaison.
	La limite avec le département des Vosges.	
	La limite avec le département du Bas-Rhin.	
	La limite avec la département de la Moselle jusqu'au rupt de Math.	

DÉPARTE-MENTS.	DÉSIGNATION DES LIMITES DES TERRITOIRES RÉSERVÉS.	LIEUX PRINCIPAUX par lesquels PASSENT CES LIMITES.
Vosges ...	La route impériale n° 59 (de Nancy à Schlestadt) à partir de Raon-l'Etape jusqu'au Raboteau.	Raon-l'Etape, St-Blaise.
	La Meurthe jusqu'à Etival.	
	Le chemin vicinal n° 25	Etival, Nompatelize, La Bourgonce, Brouvelieures, Bruyères.
	La route départementale n° 22 (de Bruyères à Remiremont).	Bruyères, Laval, Deycimont, Chéniménil.
	La route départementale n° 1 (de Lunéville à Remiremont).	Chéniménil, Jarmenil.
	La route impériale n° 66 (de Bar-le-Duc à Bâle par Gondrecourt).	Saint-Nabord, Remiremont.
	La route départementale n° 25 jusqu'à la limite avec le département de la Haute-Saône.	Remiremont, Larrière.
	La limite avec le département de la Haute-Saône.	
	La limite avec le département du Haut-Rhin.	
	La limite avec le département du Bas-Rhin.	
	La limite avec le département de la Meurthe jusqu'au chemin de l'exonne à Raon-l'Etape.	
	Ce chemin jusqu'à Raon l'Etape.	
	Tout le département excepté les trois polygones ci-après.	
Bas-Rhin.. Sont exceptés du territoire réservé :	1er *polygone exonéré.* — La route impériale n° 63 (de Strasbourg à Wissembourg).	Wissembourg, Riedseltz, Schœnenbourg, Soultz-sous-Forêts.
	La Seltzbach jusqu'à Seltz	Soultz, Nidrœderen, Seltz.
	La route impériale n° 68 (de Bâle à Strasbourg et Spire).	Seltz, Wintzenbach, Néewiller.
	La route départementale n° 8.	
	Le chemin n° 44 (de Scheibenhardt à Altenstadt).	Scheibenhardt, Lauterbach Schleithal, Altenstadt.
	La route départementale n° 8 (de Bitche au Rhin).	Altenstadt, Wissembourg.
	2e *polygone exonéré.* — La route départementale n° 16 (d'Ingwiller au fort Louis).	Soultz-sous-Forêts, Warth Reichshoffen, Niederbronn, Zinswiller, Rothbach, Ingwiller.
	Le chemin n° 56	Ingwiller, Weiterswiller.
	La route départementale n° 31 (de Steinbourg à Weiterswiller).	Weiterswiller, Neuwiller. Dossenheim, Steinbourg
	La Zorn jusqu'à Dettwiller.	Steinbourg, Dettwiller.
	La route départementale n° 7 (de Saverne au Fort-Louis).	Dettwiller, Hochfelden, Mommenheim.
	La route départementale n° 13 (de Brumath à la Petite-Pierre).	Mommenheim, Brumath.
	La route départementale n° 32 (de Brumath à Drusenheim).	Brumath, Gendertheim, Weyersheim.
	La route départementale n° 6 (de Strasbourg à Sufflenheim).	Weyersheim, Kurtzenhausen, Bischwiller.
	Le chemin vicinal n° 9	Bischwiller, Kaltenhausen, Haguenau.
	La route départementale n° 24 (de Bitche à Haguenau)	Haguenau, Schweighausen Niedermottern, Pfaffenho.

DÉPARTE-MENTS.	DÉSIGNATION DES LIMITES DES TERRITOIRES RÉSERVÉS.		LIEUX PRINCIPAUX par lesquels PASSENT CES LIMITES.
Bas-Rhin.. (Suite).	Sont exceptés du territoire réservé	Le chemin n° 50	Pfaffenhoffen, Mietesheim, Griesbach, Eberbach, Gimstett, Surbourg.
		La route impériale n° 65 précitée.	Surbourg, Soultz-s.-Forêts
		5ᵉ *polygone exonéré.* — La route impériale n° 66 précitée.	Marckolsheim, Sassenheim, Booftzheim, Plobsheim, Strasbourg, Hœnheim.
		Le canal de la Marne au Rhin jusqu'au chemin n° 26.	
		Le chemin n° 26 (de Mittelhausen à la route départementale n° 6)	Eckwersheim, Olswisheim, Mittelhausen.
		Le chemin n° 58 (de Mittelhausen au chemin de grande communication n° 11).	Mittelhausen, Ginsheim.
		Le chemin n° 50 (de la route départementale n° 1 au chemin n° 11).	Duntzenheim, Altenheim.
		La route départementale n° 1 (de Saverne à Strasbourg).	Saverne.
		La route impériale n° 4 (de Paris à Strasbourg).	Saverne, Marmoutier, Wasselonne, Marlenheim
		La route départementale n° 2 (de Fénétrange à Schlestadt).	Marlenheim, Molsheim, Ober-Goxwiller.
		La route départementale n° 4 (de Barr à Strasbourg).	Barr.
		La route départementale n° 11 (de Barr à Rhinau).	Barr.
		La route départementale n° 55 (de Barr à Villé).	Eichoffen, Thanvillé.
		La route départementale n° 10 (de Steige à Strasbourg jusqu'à la route impériale n° 59 (de Nancy à Schlestadt).	Thanvillé.
		La route impériale n° 59	Châtenois.
		Le chemin n° 15 jusqu'à la limite avec le département du Ht-Rhin.	Châtenois, Orschwiller.
		La limite avec le département du Haut-Rhin jusqu'à la route impériale n° 68.	

1ᵉʳ TERRITOIRE RÉSERVÉ.

DÉPARTE-MENTS.	DÉSIGNATION DES LIMITES DES TERRITOIRES RÉSERVÉS.	LIEUX PRINCIPAUX par lesquels PASSENT CES LIMITES.
Haut-Rhin.	La limite avec le département des Vosges.	
	La limite avec le département de la Haute-Saône.	
	La limite avec le département du Doubs jusqu'à la frontière.	
	La frontière jusqu'au ravin de la Halle.	
	La Halle jusqu'à Delle	Delle.
	La route départementale n° 5 (des Vosges à Porentruy).	Delle, Boron, Chavannes, Dannemarie, Hagenbach
	Le canal du Rhône au Rhin	Heidwiller, Mulhouse.
	La route impériale n° 66 (de Bar-le-Duc à Bâle)	Mulhouse, Burtzwiller.
	La route départementale n° 2 (de Gueb-willer à Lucelle).	Burtzwiller, Pulversheim.

DÉPARTE-MENTS.	DÉSIGNATION DES LIMITES DES TERRITOIRES RÉSERVÉS.	LIEUX PRINCIPAUX par lesquels PASSENT CES LIMITES.
Haut-Rhin. (Suite).	La route départementale n° 1 (de Colmar à Bâle)............................	Pulversheim, Ensisheim.
	Chemins vicinaux.....................	Ensisheim, Ungersheim, Rœdersheim, Soultz.
	La route départementale n° 2 précitée....	Soultz, Guebwiller.
	Des chemins vicinaux jusqu'à la limite du département du Bas-Rhin.	Guebwiller, Bergoltz, Orschwihr, Pfaffenheim, Guekerschwir, Eguisheim, Wintzenheim, Turckheim, Krentzheim, Ribeauvillé, S.-Hippo^{te}.
	La limite avec le département du Bas-Rhin. 2e TERRITOIRE RÉSERVÉ.	
	La route impériale n° 68 (de Strasbourg à Bâle) depuis la limite avec le département du Bas-Rhin.	Artztenheim, Neufbrisach, Blodelsheim.
	Des chemins vicinaux jusqu'au canal du Rhône au Rhin.	Blodelsheim, Boggenhausen.
	Le canal du Rhône au Rhin jusqu'à la route départementale n° 9 (de Colmar à Bâle).	
	La route départementale n° 9 jusqu'à la route impériale n° 66 (de Bar-le-Duc à Bâle)	
	La route impériale n° 66 jusqu'au chemin de fer de Strasbourg à Bâle.	
	Le chemin de fer de Strasbourg à Bâle jusqu'à Bartenheim.	Siérentz.
	La route impériale n° 66 précitée jusqu'à la frontière suisse.	
	La frontière jusqu'à la limite avec le département du Bas-Rhin.	
	La limite avec le département du Bas-Rhin.	
Haute-Saône.	La route impériale n° 57 (de Metz à Besançon) entre Fougerolles, le Boijot et St-Sauv.	Fougerolles, Luxeuil, St.-Sauveur.
	La route départementale n° 6 (de Lure à Bains).	Saint-Sauveur, Quers.
	La route impériale n° 19 (de Paris à Bâle).	Lure.
	Des chemins vicinaux	Vouhenans, Senargent, Courchaton.
	La limite avec le département du Doubs.	
	La limite avec le département du Ht-Rhin.	
	La limite avec le département des Vosges jusqu'à la route département. n° 25 (Vos).	
	Le chemin de Larrière à Fougerolles, le Boijot.	Larrière, Fougerolles-le-Château, Fougerolles, le Boijot.
Haute-Marne.	Néant.	
Doubs....	La limite avec le département du Ht-Rhin.	
	La limite avec le département de la Haute-Saône jusqu'à Accolans.	
	Des chemins vicinaux jusqu'à l'Isle-sur-le Doubs	Accolans, Geney, l'Etrappe
	Le Doubs jusqu'à Clerval	L'Isle-s.-le-Doubs, Clerval
	La route impériale n° 73 jusqu'à Besançon.	Baume-les-Dames, Roulans
	La route impériale n° 83 (de Lyon à Strasbourg par Belfort).	Besançon, Beurre.
	Chemin vicinal	Beurre, Maillot, Fontaine-la-Vèze.

10

DÉPARTE- MENTS.	DÉSIGNATION DES LIMITES DES TERRITOIRES RÉSERVÉS.	LIEUX PRINCIPAUX par lesquels PASSENT CES LIMITES.
Doubs....	La route impériale n° 67 (de Saint-Dizier à Lausanne, par Langres).	La Vèze.
	La route départementale n° 4 (de Besançon à Pontarlier).	
	La route départementale n° 10 (de Besançon à Maiche).	Nancray.
	Des chemins vicinaux	Nancray, Osse, Champlive, Dammartin, Bretigny, Adam-le-Passavant, Passavant.
	La route départementale n° 10 précitée...	Passavant, Hanans, Servin, Vellevans.
	Chemins vicinaux	Vellevans, Petit-Grosey, Grand-Grosey, Vellerot, Vyt-les-Belvoir, Valonne, Vernois.
	La Barbèche jusqu'à son confluent avec le Doubs	Dampjoux.
	Le Doubs........................	Bief.
	Le Dessoubre	St-Hippolyte, Orgéans.
	La route départementale n° 10 précitée...	Saint-Maurice-les-Cours, Belleherbe.
	Des chemins vicinaux d'intérêt commun n°s 32 et 12.	Belleherbe, Pierrefontaine, la Sommette.
	Le chemin vicinal n° 8 (de Verul à Loray).	Loray.
	La route départementale n° 2 (de Besançon en Suisse, vers Neufchâtel).	Flangebouche, Avoudrey.
	Des chemins vicinaux (d'Avoudrey à Ornans)	Avoudrey, Passefontaine, Vauclans, Nods, Chanans, Lavans, Durnes, Saules, Ornans.
	La Loue jusqu'à son confluent avec la Lison	Ornans, Scey, Cleron.
	La Lison à partir de son confluent avec la Loue jusqu'à Myon.	
	Des chemins vicinaux jusqu'à la limite avec le département du Jura.	Myon.
	La limite avec le département du Jura jusqu'au chemin de Bougeailles (Doubs) à Cuvier (Jura).	
	Des chemins vicinaux	Boujailles, Levier, Sept-Fontaines, la Grange-Rouge, Evillers, Goux, la Vrigne, Bugny, la Chaux, Gilley, Combe-d'Abondance, Colombière
	La route départementale n° 16 (de Pontarlier à Morteau).	Colombière, la Ville-du-Pont, Mont-Benoit, Lièvremont, Maisons-du-Bois, Arçon, Pontarlier.
	Des chemins vicinaux d'intérêt commun...	Pontarlier, Ste-Colombe, la Rivière, Bouvenaus.
	La route départementale n° 12 (de Salins vers Lausanne).	Bonnevaux.
	La limite avec le département du Jura jusqu'à la frontière.	
	La frontière jusqu'à la limite avec le département du Haut-Rhin	

DÉPARTE- MENTS.	DÉSIGNATION DES LIMITES DES TERRITOIRES RÉSERVÉS.	LIEUX PRINCIPAUX par lesquels PASSENT CES LIMITES.
Doubs.... (Suite).	**Est excepté du territoire réservé** Le polygone compris entre la route départ. n° 2 (de Besançon en Suisse), à partir de Fuans.	Fuans, les Lavottes.
	La route départementale n° 25 (de Morteau à Maiche).	Les Lavottes, la Chelanotte
	Des chemins vicinaux d'intérêt commun n°s 1, 5, 14, 55.	Le Fournet, Creux-de-Charquemont. Combe-St-Pierre. Seignotte, Damprichard, Belfays, Ferrières, Fessevillers, Trevillers, Tricbolians, les Breseux.
	La route départementale n° 5 (de Saint-Hippolyte à Vesoul).	Les Breseux, Maiche.
	La route départementale n° 25 (de Morteau à Maiche).	Maiche, Frambouhans.
	Des chemins vicinaux d'intérêt commun.	Frambouhans, St-Julien, Bonnétage. Montbéliardot, Mont-de-Laval, Fuans.
Côte-d'Or.	Néant.	
Saône-et-Loire.	Néant.	
Jura	La limite avec le département du Doubs depuis le chemin de Myon à Saisenay jusqu'à celui de By à Yvrey.	
	Des chemins d'intérêt commun..........	Ivrey, St-Thiébaud, Marnoz, Pretin, Ivory.
	La route départementale n° 24 (d'Arbois à Pontarlier).	Chilly-sur-Salins.
	La route dép. n° 3 (de Besançon à Genève) La route dép. n° 24 (d'Arbois à Pontarlier)	Andelot.
	Des chemins vicinaux d'intérêt commun. ..	Supt, Chappois, Larderet, le Latet. Montoux, St-Germain-en-Montagne, Equevillon.
	La route départementale n° 2 (de Châlons-sur-Saône en Suisse).	Equevillon, Champagnole.
	L'Ain jusqu'à son confluent avec la Bienne.	Pont-de-Navoy, Pont-de-la-Pille, Brillat.
	La limite avec le département de l'Ain jusqu'à la frontière.	
	La frontière........................	
	La limite avec le dép. du Doubs jusqu'à la route dép. n° 7 (de Salins-en-Suisse).	
	La route départementale n° 7 précitée....	Communailles.
	Des chemins d'intérêt commun..........	Froide-Fontaine, la Latette, Fraroz, Arsure, Bief des maisons, la Perrena, Crans. Sirod, Hend, Charenes. Charbonny.
	La route dép. n° 2 précitée jusqu'à Censeau.	
	Le chemin de Censeau à Boujailles........	Cuvier.
	La limite avec le département du Doubs.	

DÉPARTE-MENTS.	DÉSIGNATION DES LIMITES DES TERRITOIRES RÉSERVÉS.	LIEUX PRINCIPAUX par lesquels PASSENT CES LIMITES.
Ain	La limite avec le département du Jura à partir de la frontière jusqu'à la route départemen. n° 5 (de la Balme à Dortan). La route départementale n° 5 . . . . La route impériale n° 84 (de Lyon à Genève) Le Rhône jusqu'à la frontière suisse. La frontière. La route impériale n° 84 (de la frontière à Saint-Genis). La route dép. n° 15 de Saint-Genis à la frontière. La frontière jusqu'à la limite avec le département du Jura.	Dortan, Oyonnax, Martignat, Nantua, Châtillon-de-Michaille, Pont-de-Bellegarde. Saint-Genis. St-Genis, Gex, Divonne.
Rhône	Néant (1).	
Isère	Néant (1).	
Haute-Savoie.	Néant (1).	
Savoie	Néant (1).	
Drôme	Néant (1).	
Hautes-Alpes.	Néant (1).	
Basses-Alpes.	Néant (1).	
Alpes-Maritimes.	Néant (1).	
Var	Néant (1).	
Bouches-du-Rhône.	Néant (1).	
Gard	Néant (1).	
Hérault	Néant (1).	
Aude	Néant (1).	
Pyrénées-Orientales.	Néant (1).	
Ariége	Néant (1).	
Haute-Garonne.	Néant (1).	
Hautes-Pyrénées.	Néant (1).	
Basses-Pyrénées.	La route impériale n° 155 entre Saint-Jean-Pied-de-Port et Lacarre. La route impériale n° 152 . . . . L'Adour jusqu'à son embouchure. L'Océan jusqu'à la frontière d'Espagne. La frontière depuis la mer jusqu'au mont Yéropil (source de la Nive). La Nive de Béhobie depuis le mont Yéropil jusqu'à Saint-Jean-Pied-de-Port.	St-Jean-Pied-de-Port, Lacarre. Lacarre, Hasparren, Bayonne.
Landes	Néant (1).	
Gironde	Néant (1).	
Charente-Inférieure.	Néant (1).	

(1) Voir toutefois le NOTA mis en tête du présent état.

DÉPARTE-MENTS.	DÉSIGNATION DES LIMITES DES TERRITOIRES RÉSERVÉS.	LIEUX PRINCIPAUX par lesquels PASSENT CES LIMITES.
Vendée...	Néant (1).	
Loire-Inférieure.	Néant (1).	
Morbihan..	Néant (1).	
Finistère..	Néant (1).	
Côtes-du-Nord ..	Néant (1).	
Ille-et-Vilaine.	Néant (1).	
Manche...	Néant (1).	
Calvados..	Néant (1).	
Eure.	Néant (1).	
Seine-Inférieure.	Néant (1).	
Corse	Néant (1).	

(1) Voir toutefois le NOTA mis en tête du présent état.

§ 4.

Règlement du 7 mai 1855.

1° Aussitôt qu'une demande en défrichement aura été produite, les agents forestiers instruiront l'affaire à l'ordinaire; mais en même temps le préfet avec l'inspecteur des forêts ou même le sous-inspecteur, suivant les circonstances ou localités, adresseront au directeur des fortifications une copie de la demande, les deux premiers directement et le troisième par l'intermédiaire du chef du génie. A cette copie, les agents forestiers joindront un plan visuel des lieux;

2° Si le directeur des fortifications adhère au nom du département de la guerre au défrichement projeté, il notifiera son adhésion tant au chef du génie qu'au préfet et à l'inspecteur des forêts, et l'instruction sera terminée en ce qui concerne le service militaire;

3° S'il n'adhère pas, il en donnera avis de la même manière, et le chef du génie, de concert avec le garde général ou le sous-inspecteur des forêts, dresseront et enverront le plus tôt possible le procès-verbal de la conférence du premier degré. Ce procès-verbal relatera la date de la demande;

4° Le directeur des fortifications, après avoir pris l'avis de l'inspecteur des forêts, adressera d'urgence le dossier militaire avec ses apostilles au Ministre de la guerre;

5° Le Ministre de la guerre fera connaître tant au directeur des fortifications qu'au Ministre des finances, s'il donne ou non son adhésion à la demande en défrichement;

6° Dans le premier cas, l'affaire sera réglée en ce qui concerne le département de la guerre;

7° Dans le second cas, l'avis du comité des fortifications, sur la demande présentée, sera envoyé à la
commission mixte des travaux publics, à moins que
le Ministre des finances n'ait préalablement fait connaître qu'il désapprouve la demande du propriétaire
des bois;

8° Lorsque nonobstant la déclaration du Ministre
de la guerre qu'un défrichement serait nuisible, le
Ministre des finances voudra faire débattre contradic-
toirement la question de l'adoption ou du rejet de
la demande, il fera adresser le dossier dont il dis-
pose au conseil des ponts et chaussées;

9° Le conseil émettra sans retard un avis motivé,
et le transmettra ensuite avec le dossier qu'il aura
reçu à la commission mixte des travaux publics;

10° Sur le vu de cette délibération, le Ministre des
finances statuera définitivement;

11° Enfin, si, par suite de quelques circonstances
exceptionnelles, l'instruction n'était pas assez avancée
au commencement du quatrième mois, pour pouvoir
être terminée en temps utile, pour empêcher la pé-
remption, l'administration forestière notifierait à la

partie intéressée le refus d'adhésion du directeur des fortifications; puis mettrait, par provision, opposition à la demande en défrichement, à l'effet d'obtenir un délai supplémentaire de six mois.

CHAPITRE DEUXIÈME

EXAMEN DES CAS OU L'ADMINISTRATION FORESTIÈRE DOIT
S'OPPOSER AU DÉFRICHEMENT

§ 1ᵉʳ.

But de cet examen.

Conformément aux dispositions précitées de la loi
du 18 juin 1859 et du décret du 22 novembre suivant, les particuliers qui déclarent à la sous–préfecture leur intention de défricher doivent ensuite être
invités à assister à la reconnaissance de leurs bois,
laquelle sera faite par un agent forestier, et, avant
l'opposition, recevoir copie du procès-verbal de cette
reconnaissance, avec invitation de présenter leurs
observations. Or, beaucoup de particuliers sont très-

embarrassés de vérifier si leurs bois se trouvent réellement dans l'un des cas où la loi prohibe le défrichement. C'est pour les éclairer à ce sujet, et ainsi les mettre en état, le cas échéant, de défendre la libre jouissance de leurs propriétés, que nous entrons dans les détails formant les paragraphes suivants.

§ 2.

Maintien des terres sur les montagnes ou sur les pentes. Défense du sol contre les érosions et les envahissements des fleuves, rivières ou torrents.

Les terrains qui ont un talus plus incliné que celui indiqué par l'assiette naturelle des remblais ne peuvent se maintenir en équilibre que soumis à une végétation permanente, qui, les étreignant dans un réseau de racines, empêche leur éboulement. Aussi, lorsqu'on les défriche, et que, leur enlevant le soutien qu'ils recevaient des racines d'une forêt, on les laisse sans protection, ils ne tardent pas à s'ébouler, sous l'action combinée de la gelée qui les soulève et de la pluie qui les délaie et les entraîne; ils laissent aux versants la dénudation et la stérilité, et ensevelissent sous leurs débris les terres les plus fertiles qui s'étendaient à leurs pieds. En outre, la pluie ne subissant plus de perte sur le feuillage des arbres, n'y ralentissant plus sa vitesse, et ne trouvant plus sur le sol cette couche de terreau forestier éminemment hygroscopique, les voies d'infiltration souterraines, creusées par les racines et laissées libres par leur pourriture, ni bientôt même la terre ameublie par les labours du cultivateur puisqu'elle s'est vite éboulée, s'écoule à la surface avec rapidité, creuse le sol qui n'est plus défendu par ses lacis de racines, et le sillonne de torrents, par lesquels elle produit des inondations parfois terribles, et charrie des masses énormes de pierres qui stérilisent les vallées, dégradent les ponts et les routes, et encombrent le lit des rivières et des fleuves. Ce sont surtout les terrains fortement inclinés et dénudés qui alimentent les inondations; car les plaines, à raison de leurs faibles pentes, et de leurs terres ameublies par la culture, ne permettent aux eaux versées par l'atmosphère qu'un écoulement superficiel peu rapide, et ordinairement leur laissent le temps de s'infiltrer dans la terre qui est perméable. Enfin, pendant l'hiver, les neiges s'amoncellent sur les talus escarpés; mais, au retour de la chaleur, n'ayant pas de forêt pour les retenir et boire l'eau provenant de leur fonte, elles glissent, et souvent forment des avalanches qui complètent les désastres produits par un déboisement imprudent.

D'ailleurs, suivant la déclivité, la hauteur, la composition géologique et l'ancienneté des montagnes auxquelles appartiennent les versants à pentes rapides, le danger du défrichement variera.

L'instabilité des talus et la vitesse de l'eau courante augmentant avec la déclivité, le danger du déboisement croîtra donc avec celle-ci.

Les montagnes sont des réfrigérants qui forment et condensent les nuages, et, en même temps, des remparts contre lesquels les vésicules des nuages, poussées par le vent et enchaînées par leur pesanteur spécifique, sont forcées de se rompre et de tomber en pluie. Plus les montagnes sont élevées, et plus d'eau elles reçoivent ainsi des météores aqueux; parce que, d'un côté, elles sont des condensateurs plus froids et partant plus actifs, et que, d'un autre, elles arrêtent mieux les nuages qui, d'ordinaire, voguent horizontalement et à de grandes hauteurs.

Les montagnes formées de roches primitives ou liasiques n'absorbent guère la pluie, lorsqu'elles sont dépouillées de terre végétale; tandis que celles formées de roches oolitiques ou crayeuses reçoivent l'eau dans leurs fentes ou leurs pores, et ne la laissent s'écouler à leur superficie que par de violents orages. En revanche, plus les roches sont inconsistantes et friables, et plus les torrents qui y creusent leur lit vomissent de matériaux rocheux.

L'époque du soulèvement des montagnes n'a pas moins d'importance que leur déclivité, leur hauteur et leur composition géologique. Les montagnes soulevées les dernières n'ont pas encore eu le temps de prendre leur forme définitive, elles offrent des versants abrupts qui tendent à se remplacer par des talus réguliers. Les forêts seules peuvent abriter du danger ce mouvement, en le modérant par leurs digues vivantes qui montent avec les attérissements et les dominent toujours. Nos montagnes les plus récentes, ce sont les volcans de l'Auvergne et du Vivarais qui ont été produits par le 17ᵉ et dernier soulèvement; les Alpes de Provence et l'énorme falaise de la Montagne Noire qui proviennent du 16ᵉ soulèvement; les Alpes de la Savoie et du Dauphiné qui remontent au 15ᵉ soulèvement. C'est sur ces montagnes que l'éboulement des terres et les torrents sont les plus dangereux. Au contraire, nos montagnes les plus anciennement formées, celles de la Bretagne produites par les 8 premiers soulèvements, bien que, la plupart privées de la protection des forêts, ne présentent ni torrents, ni éboulements; parce que, depuis longtemps, elles ont façonné leurs versants et adouci leurs talus.

Généralement la nécessité de conserver en bois un sol incliné sera indiquée par les accidents qu'aura causés la dénudation de terrains similaires dans la localité. A cet égard, nous pouvons même préciser davantage, en disant qu'il ne faut pas déboiser les versants rapides de nos montagnes, et notamment des Alpes, des Pyrénées, des Cévennes, du Jura, des Vosges, des montagnes de l'Auvergne, du Forez, du Limousin et du Morvan.

§ 3.

Existence des sources et cours d'eau.

Le déboisement complète son action fatale sur le régime des eaux en appauvrissant ou tarissant les sources. Voici comment. Celles-ci sont produites par l'infiltration des eaux à travers la couche supérieure et perméable du sol, puis par leur égouttement lent sur la couche inférieure imperméable, vers le thalweg de cette dernière couche au fond duquel elles prennent leur écoulement souterrain. Quand une source existe, il faut ainsi que, dans son bassin d'alimentation, la couche supérieure du sol ait la faculté d'absorber l'eau et de la conserver pour ne la débiter que peu à peu. Or, les forêts développent à un haut degré ces deux propriétés dans leur sol végétal. Par leurs racines, elles maintiennent la terre végétale et perméable sur le flanc des coteaux, et y creusent des canaux que la pourriture ultérieure de ces racines rend libres pour l'infiltration. Par leurs détritus, elles donnent au sol le terreau, matière éminemment hygroscopique. Par leurs dômes de verdure et leur couverture de feuilles mortes, elles défendent la terre contre le soleil et le vent, et ainsi anéantissent presque entièrement les pertes que les eaux versées de l'atmosphère subissent par l'évaporation qui pourrait en enlever les trois quarts. Seulement, les arbres provoquent l'évaporation du peu d'eau qui reste attaché à leur feuillage après la pluie, ainsi que de l'eau exhalée par leurs stomates et qui ne peut guère être estimée à plus du cinquantième des eaux pluviales; toutes quantités bien petites comparativement à celles enlevées par l'évaporation sur les terrains sans abri. En outre, la fraîcheur des forêts amène parfois sur elles les pluies d'été qui apportent aux sources un contingent précieux. Il en résulte que le déboisement doit appauvrir ou tarir les sources, en diminuant la perméabilité et l'hygroscopicité de la couche supérieure du sol à moins que cette couche ne devienne bien cultivée, bien ameublie et bien fumée; en la laissant parfois s'ébouler des coteaux très-rapides; et, en la livrant, au moins une partie de l'année, à l'action desséchante du soleil et du vent, sans y attirer la pluie.

Non content de diminuer les sources, le déboisement en altère même la qualité. En effet, les sources qui se forment et passent sous les forêts sont toujours limpides, parce que, leurs conduits étant constamment les mêmes et lavés depuis longtemps, elles ne se chargent d'aucune impureté ; tandis que celles provenant de terrains cultivés se troublent chaque fois qu'il pleut abondamment, la pluie y pétrissant le sol et formant de la boue. C'est ainsi que, par le déboisement, les sources toujours limpides sont transformées en sources troubles à chaque orage.

Après avoir exposé comment l'existence des sources se rattache à celle des forêts, nous allons examiner la manière de reconnaître qu'une forêt se trouve totalement ou partiellement dans le bassin alimentant une source, et l'opportunité de conserver le massif boisé qui entretiendrait une source d'une utilité manifeste.

L'eau de pluie ou de neige qui forme des sources pénètre les couches perméables de la terre, et s'écoule ensuite sur les couches imperméables vers le fond de leurs vallons, absolument comme l'eau coulant sur la surface du sol. Le faîte des couches perméables, ou, autrement dit, de la surface du sol, indique et suit le plus souvent le faîte des couches imperméables, à partir duquel descendent les versants imperméables qui amènent l'eau jusqu'au fond de leurs vallons. Le thalweg des couches imperméables suit aussi ordinairement celui des couches superficielles; et, par suite, c'est presque toujours du fond des vallées, vallons, gorges ou plis de terrain que les sources jaillissent. Le bassin qui alimente une source est alors facile à délimiter, puisqu'il est composé des versants dont les eaux supposées couler superficiellement pourraient descendre jusqu'à la source. Il est ainsi borné par les lignes de faîte qui terminent les versants, et par deux lignes de plus grande pente qui, aboutissant à la source, indiquent les portions de versant amenant à celle-ci leurs eaux.

Quand une forêt se trouve dans le bassin d'une source, il faut, avant de permettre ou de prohiber le défrichement de cette forêt, étudier les versants du bassin, leur inclinaison, ainsi que la profondeur, l'hygroscopicité et le degré de perméabilité de leur sol perméable. Sur les versants très-inclinés, l'égouttement et l'écoulement de l'eau contenue dans la couche perméable s'opèrent trop rapidement, ce qui peut mettre la source en danger de tarir. En pareil cas, il y a même à craindre l'éboulement de la couche perméable, et par suite l'anéantissement de la source. Enfin, peu profonde, la couche perméable est exposée à se dessécher; peu hygroscopique, elle débite trop promptement son eau; et, peu perméable, elle n'absorbe pas assez d'eau lors des pluies ou de la fonte des neiges. Neutralisant ou mitigeant toutes ces influences défavorables, les forêts doivent alors être conservées avec la plus grande sollicitude. Au contraire, si les versants sont peu inclinés, si la couche perméable est très-profonde, très-hygroscopique, suffisamment pénétrable à l'eau, et doit devenir le siége d'une culture riche, ameublissante, améliorante, et protectrice du sol; on peut, sans crainte, autoriser le défrichement qui modifiera peu le régime de la source.

Quelquefois la démarcation du bassin alimentant une source présente de sérieuses difficultés. Mais heureusement, ce ne sont là que des cas assez rares. Nous allons en examiner quelques-uns.

Au lieu de sortir du thalweg de la superficie du

sol, une source abondante s'épanche parfois du flanc d'un coteau, et si l'on y traçait le bassin d'alimentation d'après la surface du versant pouvant amener superficiellement ses eaux à l'endroit où la source jaillit, on reconnaîtrait que le bassin délimité de la sorte contiendrait à peine quelques fractions d'hectare; étendue bien insuffisante, car dans les circonstances les plus favorables, il faut une surface d'environ 5 hectares pour assurer à une source un débit moyen de quatre litres par minute. C'est qu'alors le thalweg des couches imperméables ne concorde pas avec celui du terrain superficiel, et que les assises stratifiées de la colline, à raison de leur inclinaison, amènent les eaux du coteau adjacent qui alors est le plus rapide et souvent toutes celles de la vallée creusée au bas de ce dernier coteau. Quand l'inclinaison des strates d'un versant est ainsi opposée à la pente superficielle, et emmène les eaux dans le cœur de la colline, ce versant ne peut alimenter les sources qui couleraient dans la vallée située au bas de ce versant, il ne pourrait alimenter que les sources qui jailliraient de la vallée située au bas du versant opposé de la colline. Dans ces deux cas, ce sera en étudiant la stratification des roches qu'on déterminera le bassin alimentant une source et le périmètre de la forêt nécessaire pour l'abreuver.

C'est surtout dans les terrains diluviens, ainsi que dans ceux qui ont subi des affaissements, des éboulements ou des glissements, qu'il est le plus difficile de reconnaître le périmètre du bassin des sources. Les terrains diluviens sont composés de sables, de graviers, de galets, de cailloux, de poudingues, de vases, de limons argileux ou marneux, tous disposés ordinairement sans aucun ordre, sans aucune stratification. Dans ces terrains, on trouve quelques sources rares, produites par les eaux arrêtées sur des couches d'argile, de marne ou de poudingue. Mais ces couches aquifères n'ont aucune régularité; aussi leur étendue, et par conséquent celle du bassin des sources est bien difficile à préciser. Dans les terrains qui ont subi des affaissements, des éboulements ou des glissements, les sources marchent en désordre, et par suite, les limites de leur bassin ne peuvent être fixées que difficilement.

Les versants composés de calcaire à bétoires, de calcaire caverneux, de calcaire cellulaire, de dolomies et de craie ne contribuent pas à la production de nos sources. Les bétoires sont des creux en forme d'entonnoir qui engloutissent toutes les eaux pluviales ou autres et les conduisent à de grandes profondeurs d'où elles prennent leur écoulement souterrain vers les rivières. Les cavernes sillonnant le calcaire caverneux emmènent pareillement l'eau à de trop grandes profondeurs pour qu'elle puisse reparaître à la surface du sol sous forme de source. Le calcaire cellulaire est perforé d'innombrables tubulures ou vacuités qui l'empêchent de conserver l'eau, et la laissent tomber jusqu'à la base de ce calcaire dont les couches sont le plus souvent très-puissantes. Les dolomies sont, de distance en distance, séparées par de larges fentes verticales entre lesquelles les eaux pluviales se précipitent jusqu'à ce qu'elles soient arrivées à peu près au niveau de la rivière voisine. L'extrême perméabilité de la craie qui absorbe, pour ainsi dire, chaque goutte de pluie, au point où elle touche le sol, et la laisse descendre d'aplomb à travers les couches crayeuses ordinairement très-profondes, empêche également celles-ci d'alimenter nos sources.

Les sources thermales paraissent soustraites à l'action bienfaisante des forêts; car les grandes pluies et les grandes sécheresses, les grands froids et les grandes chaleurs qui rendent si variables les sources ordinaires ne modifient presque pas le débit et la température des sources thermales. D'ailleurs, celles-ci arrivant des profondeurs du globe par un mouvement vertical, il serait impossible de découvrir leurs bassins d'alimentation. Pour ces deux motifs, il ne pourra être question de prohiber le défrichement de forêts, pour conserver des sources thermales.

§ 4.

Protection des dunes et des côtes maritimes.

Les sables que la mer rejette sur ses bords se dessèchent souvent après le reflux, et sont alors emportés par le vent dans l'intérieur des terres où ils forment les dunes, monticules qui, poussés par le vent, marchent et engloutissent tout sur leur passage. On n'est parvenu à arrêter leur course envahissante, qu'en les couvrant de forêts de pin maritime. La prohibition de détruire les forêts qui fixent les dunes était donc indispensable, pour empêcher le littoral d'être enseveli sous les sables.

§ 5.

Salubrité publique.

Les marais, les étangs et les rizières, lors de leur dessèchement partiel ou total, soit par les chaleurs de l'été, soit par la main de l'homme, exhalent des miasmes qui, emportés par le vent, répandent la fièvre à une distance souvent de plus de 10 kilomètres, à moins qu'ils ne rencontrent sur leur passage quelque forêt au contact de laquelle ils perdent leurs propriétés funestes. Les marais salés des bords de la Méditerranée ainsi que les étangs de la Sologne, de la Dombe et de la Bresse donnent la fièvre à la population environnante, parce que les forêts qui entouraient leurs rives ont été fatalement détruites. Dès lors on comprend que la salubrité publique exige la conservation des forêts encore existantes entre les centres de population et les foyers d'effluves fiévreux.

§ 6.

Observation.

A la lecture de la loi du 18 juin 1859, on se sera peut-être demandé pourquoi le gouvernement ne doit pas s'opposer au défrichement des bois particuliers, pour assurer l'approvisionnement de la consommation locale en produits ligneux. C'est qu'il doit parer au déficit provenant de ces défrichements, d'un côté, en reboisant les montagnes, et d'un autre, en augmentant la production de ses forêts domaniales par leur conversion en futaie.

FIN.

TABLE DES MATIÈRES.

CHAPITRE III. — Caractères géologiques.

CHAPITRE IV. — Végétation naturelle des forêts.

CHAPITRE V. — Circonstances économiques.

CHAPITRE VI. — Méthode a suivre pour reconnaitre l'opportunité du défrichement.

DEUXIÈME PARTIE

Exécution du défrichement.

CHAPITRE 1er. — SOINS A PRENDRE PENDANT LE DÉFRICHEMENT POUR CONSERVER LA RICHESSE DU SOL FORESTIER.

CHAPITRE II. — ARRACHEMENT DES SOUCHES ET DES RACINES.

CHAPITRE III. — ÉCOBUAGE.

TROISIÈME PARTIE.

Direction agricole des terres qui proviennent d'un défrichement.

CHAPITRE Iᵉʳ. — BATIMENTS RURAUX.

CHAPITRE II. — CHEMINS D'EXPLOITATION . . . .

CHAPITRE III. — ENGRAIS.

CHAPITRE IV. — MACHINES AGRICOLES . . . .

CHAPITRE V. — CULTURE.

QUATRIÈME PARTIE.

Motifs d'utilité publique pour lesquels l'administration doit s'opposer au défrichement des bois des particuliers.

CHAPITRE Ier. — DISPOSITIONS LÉGISLATIVES ET RÉGLEMENTAIRES.

CHAPITRE II. — Examen des cas ou l'administration forestière doit s'opposer au défrichement.